「食」の図書館

ソーセージの歴史

SAUSAGE: A GLOBAL HISTORY

GARY ALLEN
ゲイリー・アレン【著】
伊藤 綺【訳】

原書房

目次

［……］は翻訳者による注記である。

序章◉本書について

いまから40年前、家庭向けの手づくりソーセージの本などどこにも売っていなかった頃、私はソーセージづくりに興味をもった。ソーセージづくりに関する文献がほとんどないことがわかると自分で調べはじめ、工場向けのレシピを扱いやすい分量に変えたほか、屠畜《とちく》（もちろん、ケーシング［ソーセージの中身を詰める動物の胃や腸などの器官］用の豚の腸の洗浄も――ご想像のように、これは調査のなかでもあまり愉快なものではなかった）から、ソーセージを完成させるまでのすべての工程にたずさわった。現在では数多くのソーセージづくりの料理本が出版されているが、本書ではほかとは趣向を変えて、ソーセージの歴史と世界各地のソーセージの特色について述べたいと思う。本書を読めば、ソーセージがどこで生まれ、そしてどのようにして現在のような形になったかについて、多少なりとも理解を深められるだろう。最初の調査にとり組んでいたとき、わが家の夕食に招待した客にはきまって、何かしらのソーセージ料理を出していた。本書を執筆しているあいだもこ

グリルで焼いたソーセージ

れをくりかえしていたので、きっと客は――気を使って何も言わなかったのだろうが――うんざりしていたにちがいない。こうした辛抱強い客をモルモット呼ばわりするのは失礼かもしれないが、彼らがはらってくれた犠牲にはとても感謝している。

ソーセージはおそらく人間が火と塩を使って食べ物を調理するようになった頃からずっと、私たちの食生活に欠かせないものだったと考えられる。ソーセージは世界各地で、さまざまに生みだされてきた。一部のソーセージはほかの食文化にもとり入れられ、異なる気候風土や文化、材料に合わせてしだいに変化を遂げていった。

では、ソーセージをソーセージたらしめるものとは何だろう？　これは根本的な疑問であり、その答えは世界中のすべての食べ物に

湯気をたてる熱々のソーセージの数々。ベルギー、ブリュッセル。

いえるように、単純であると同時に、多様かつ複雑だ。それはドイツの政治家オットー・フォン・ビスマルクが言ったとよく間違えられる有名な言葉、「法律をつくることはソーセージをつくることに似ている——つくる過程を知らなければ知らないほど、出来上がったものがよく見える」とはまったく反対である。

本書では、ソーセージのスパイシーさ、塩辛さ、燻煙の香り、ジューシーさのすべてを称賛している。このかつては粗末と考えられていた食べ物を尊敬させることまではできないにしても、本書を読めば、ソーセージの味わい深さとバラエティの豊かさに驚くとともに、ソーセージ（それに私たち人類）がどのようにして世界中に広まったかについても理解を深めることができるだろう。

第1章◉ソーセージの定義と起源

　人類の祖先が連携して狩猟活動を行なうようになり、大型動物——少なくとも発見時にまだ死んでいないもの——を手に入れられるようになると、それまでなかったさまざまな技術的問題に対処しなければならなくなった。

　最初の問題は獲物の大きさだった。死んだ動物を扱いやすい大きさに切り分けるため、より切れ味のよい切断のための道具が生みだされ、骨や角《つの》、石のほか、焼いて固くした木材などが、切断したりこそげとったりするためのさまざまな道具の材料に使われた。

　ふたつ目の問題は腐敗だった。肉はもっとも傷みやすい食物のひとつだが、煙でいぶしたり乾燥させたりすれば肉の賞味期限を延ばせることを初期の人類は知った。最古期の記録からは、塩で保存処理すると肉の品質と日持ちがよくなることが古くから知られていたとわかる。メソポタミアで発掘されたシュメール人の粘土板（紀元前1600年）には、塩漬け肉に関する記述がびっしりと書きこまれている。[1]

そして3つ目の問題は包装と、無駄の排除だった。大型動物を狩るには多大な努力を必要としたので、獲物の肉も内臓も何ひとつ無駄にしないことが重要だった。狩人は太古の昔のある時点で、動物の腸や胃袋や皮が、それまで捨てるしかなかったくず肉や内臓を保存するための便利な包装材になることに気がついた。

この3つの問題が、現在ソーセージとして知られている食べ物を生みだす理由となったことは間違いない。鎖状につながった甘くないソーセージが世界各地でそれぞれに考案され、レシピと技法は人間の移動とともにいたるところに伝えられた。食物史家のマグロンヌ・トゥーサン＝サマはこう述べている。「ソーセージづくりの伝統はローマとフランスで2000年間途絶えることなく生きつづけてきたといってよく、ソーセージそのものもほとんど同じままである[2]」

世界最初のソーセージの証拠は残っていないものの、遅くともいまから3000年前にはつくられていたことはわかっている。古代エジプト人の壁画に、いけにえの牛の血からソーセージの一種をつくっているようすが描かれているからだ。またホメロスの『オデュッセイア』［松平千秋訳 岩波書店］（紀元前8世紀頃）にはソーセージについての最古の記述がふたつある。

ここに山羊の胃袋が幾つか火にかかっている。
夕食にあてようと、脂と血を詰めてわれらが用意したものだが、

相手を破り優者となった者に、自ら立ち上がってその中から望む一個を取らせるとしよう。（第18歌）

そのさまは――あたかも男が、脂と血を詰めた生贄の胃袋を、燃え熾《さか》る火にかけ、一刻も早く焼き上げようと、右に左にひっくり返すよう……そのようにオデュッセウスは……右に左に身を反転していた。（第20歌）

注目すべきは、この記述がそれぞれブラッドソーセージ〔血を多量に入れてつくるソーセージ〕について触れていることで、当時の「もったいない」精神がうかがわれるが、現代ではブラッドソーセージは一部の民族料理に見られるだけである（ゲテモノを好んで食べる「グルメ」のあいだでは近年人気が高まっているが）。この記述はまた、ヤギ肉――世界でもっとも食べられている食肉のひとつ――と牛肉が古くからソーセージの原料に使われていたことも示している。フォースミート〔詰め物用の味つけひき肉〕には豚肉が最適だとされているので、この事実はつい見過ごされがちだ。

おそらくソーセージが実用的な食べ物であったために、世界各地でそれぞれ考案されることになったのだろう。実際、ソーセージはほぼ世界中にある。これから述べるように、その一部は人間とともに新たな土地に移り、その結果、新たな形へと変化を遂げた。多くの場合、材料とつくり方はその土地の気候風土や嗜好に合わせて変化している。一見単純な料理なので、バリエーションは無数

エクサンプロヴァンス、プレシャー広場の市場。

にあるとはいえないが、それでもかなりの数がある。

ソーセージとは具体的にどういうものか、正確に言葉にするのはむずかしいかもしれない。シャルキュトリー［フランス語で「食肉加工品」］は、広義にはソーセージに似たものや、ソーセージとはまったくいえないものも多数ふくむ。「ソーセージ」を具体的かつ正確に定義しようとすれば、数々の矛盾や例外に行く手を阻まれ、身動きがとれなくなる。まさに、アメリカ最高裁判事ポッター・スチュアートが猥褻《わいせつ》について語ったこの有名な言葉のとおりである。「定義はできないが、見ればわかる」

ソーセージは、肉を細かくきざんで味つけしたパティ［ひき肉などを薄い円盤状に成形したもの。焼いてハンバーガーにはさむハンバーガーパティなど］にすぎないのかもしれない。事実、ソーセージに関する最古の詳細な言及は、古代ローマの「インシキア insicia」についてのもので、この名称は「細かくきざんだ肉」を指すラテン語に由来する（このラテン語の言葉はさらに、ギリシア語でたんに「細かくきざんだ肉」を意味する「イシキオン isikion」から派生している。ギリシアではソーセージは一般に「アラ alla」と呼ばれた）。ソーセージのレシピや、ソーセージを表現するのに使われる言葉には非常に長い系譜がある。料理書からは（現存している場合）、料理がいつ最初に書き記されたかがわかるし、食べ物の名前自体からその由来がわかることもある。

スペインのロモとイタリアのプロシュート――豚のかたまり肉を塩漬けしてつくるハム――はあきらかにシャルキュトリーの一種だが、ソーセージではない。ソーセージに使用するタンパク質はつねに何らかの方法で細かく切りきざまれ、そのあとひとつにまとめられる。ハムはソーセージとはみなされない。レバーヴルストやボローニャのような一部のソーセージでは、見分けがつかないほど肉の粒子が非常に小さい。ほかのソーセージでは、ブローン［豚や子牛の頭肉を細かくきざんでつくる煮こごりソーセージ］（アメリカではヘッドチーズと呼ばれる）に入れる豚肉の角切りのように大きめに切られるものもあれば、クラテッロに使うモモ肉のかたまりのようにかなり大きなものもある。だがいずれにしても、もととは違う形状にまとめられる。

ソーセージにはつくりたてを新鮮なうちに食べるものもあれば、乾燥・醱酵《はっこう》・燻煙《くんえん》、もしくはこれらの方法を組みあわせて加工したのちに食べるものもある。また、伝統的な肉の調理法（焼く、ゆでる、揚げる、グリルで焼く、ローストする）のいずれかで加熱調理するようにつくられているものもあれば、強めに塩漬《えんせき》、乾燥や燻煙をほどこすことで含水率を低くして雑菌の繁殖を抑え、生

ホットダグズ・ソーセージスーパーストアの「ウォール・オブ・フェイム（著名人の壁）」。イリノイ州、シカゴ。

でも安全に食べられるようにしたもの（サラーメクルード〈生サラミ〉など）もある。

●ケーシングに詰めるか詰めないか

フォースミートはふつう腸などのケーシングに詰める（ただしパティに成形したり、そのまま利用したりすることもある）。皮なしのフランクフルトソーセージ［フランクフルター］は、かぶりついたときにパリッと音がする伝統的なホットドッグ［細長いパンにソーセージをはさんだ食べ物。フランクフルトソーセージの意味もある］よりもソーセージらしさに欠けるだろうか？　腸詰めされていることはソーセージの定義に不可欠だろうか？ミートボール（肉だんご）は腸詰めされていないソーセージの一種とみなせるだろうか？　つまるところミートボールは、ソーセージと同様、おいしく味つけしたフォースミートからつくられる。

イタリア、フリウリ地方の伝統的なソーセージ、ピティーナ（ペトゥーチェ）。もともとはシャモア（アルプスカモシカ）肉、ヤギ肉または羊肉が使われていた（写真のものは脂肪の少ない牛肉と豚バラ肉でつくられている）。パティに成形し、コーンミールをまぶして軽く燻煙したのち、3週間熟成させる。

では、クネル［フランス語で、味つけした肉や魚のすり身でつくるだんごのこと］はどうだろう？　さらにいえば、中国の餃子《ぎょうざ》やイタリアのラヴィオリ［小さな袋状のパスタに肉やチーズをつめたもの］、ラテンアメリカのエンパナーダのような、小麦粉の皮で包んださまざまフォースミートはどうだろうか？　これらすべてをソーセージの仲間にふくめないとしたら、それはおそらく本書のようにたんに本のページ数の問題と思われる。

イタリアのトレンティノ＝アルトアディジェ地方のモルタンデラ・アフミカータ・デッラ・ヴァッレ・ディ・ノンは、モルタデッラ（mortadella）［ボローニャ地方の伝統的な大型ソーセージ。ボローニャソーセージのオリジナルにあたるもの］と発音が似ているが、実際には豚の肉と臓物でつくったミートボールにそば粉をまぶして燻煙したものだ。フランスのミートボール、ブーレットは、あらゆるフォースミートでつくられ、フランス語圏でよく見られる。モロッコでは、フォースミートでメルゲーズ［スパイシーな羊肉《ようにく》の生ソーセージ］がつくられ、いっぽうアメリカのルイジアナ州では、鶏肉やカニ、クルマエビ（または好みの組み合わせ）がフォースミートの原料に使われる。オランダとベルギーでは、フォースミートをソーセージ状に成形したフリカンデレが、ソーセージのように食べられている。ルーマニアのミティティ（ニンニクをきかせた牛肉に、キャラウェイ、カイエンヌペッパー［粉末トウガラシ。辛味が強い］、パプリカ、タイムを混ぜ、串に刺して焼いたもの）は、現代の中東のストリートフード［屋台の食べ物］と（オスマン帝国経由で）歴史的つながりがある。

では、ケーシングに詰められてもいなければ、ミートボールにもパティにも成形されていない、ソーセージに似た食べ物はどうだろう？　ドイツのレバーケーゼ［レバーの入ったドイツ風ミートローフ］、ブローン、スクラップル［豚肉の細切れとコーンミール（ひき割りトウモロコシ粉）などをいっしょに煮て固めたもの］、それにアメリカのオリーブローフ［スタッフドオリーブ（種をくり抜いて、辛くない赤トウガラシを詰めたオリーブ）を混ぜこんだミートローフ］は、ローフ型［長方形の深い焼き型］に入れて加熱したあと（もしくは流し入れて冷まして固めたあと）、薄切りにする。ドイツのコッホヴルスト［加熱済みの原料を一部もちいるソーセージ］には、広口瓶か缶に入れたあと密閉し、ゆでるか蒸すかして仕上げるものがある。シンケンジュルツェは上質のブローンで、加熱したハムの角切りを濃厚な煮汁でつくったゼラチン液に混ぜ、ローフ型に流し入れ冷まして固める（胃袋に詰めるもうひとつのブローン、シュヴァルテンマーゲンは缶詰で売られている)。そうなると、スパム――塩漬け・調味した豚の細びき肉を、おなじみの青い缶に詰めて加熱調理した肉の缶詰――はソーセージだろうか?

こうしたシャルキュトリーのうち何種類かを除外しなければ、ソーセージの定義が広がりすぎて用をなさなくなる。しかし消去法で狭めることは可能である。ミートボールは、何かに包まれていないかぎり除外すべきだろう。またローフ状に成形した冷製肉(前述のもののほか、シャルキュトリーというより冷製料理といったほうがふさわしい、ミートローフやガランティーヌ[骨抜きした鶏などに詰め物をして煮たあと、冷やして薄切りにした料理]、テリーヌ[すりつぶして調味した肉などを容器に詰めて蒸し焼きにした料理]、パテ[細かくきざんで調味した肉をペースト状にしたもの。パイ生地に包んで焼いたり、スプレッドとしてパンに塗ったりする]) も除外するが、ブローンは例外として残してよいかもしれない。最後に、スパムも除外しなければならない。というのも、このピンク色の食べ物についてはそもそも考える必要すらないからだ(この製造会社でさえ、ハムの一種と考えている)。

ソーセージにもっともよく使われるのは豚肉である。豚肉の脂肪が風味豊かでジューシーなうえ、よく熟成するからだが、ほとんどどんな種類のタンパク質でも、ソーセージをジューシーに保てるほど多くの脂肪をふくんでいれば利用できる。牛肉、鶏肉、アヒル肉、さまざまな猟鳥獣肉、ガチョウ肉、馬肉、子羊肉[ラム]と羊肉、ラバ肉、シーフード(魚、貝、甲殻類)、子牛肉などは、すべてソーセージの原料にもちいられてきた。シカ肉やウサギ肉のような猟獣肉は脂肪が非常に少ないため(あるいは脂肪が獣臭かったり、融点が高かったりするせいでソーセージには不向きなため)、たいてい豚や牛の脂肪が加えられる。鶏肉やアヒル肉、ガチョウ肉には十分すぎるほど脂肪がふくまれるが、すぐに溶けてなくなり、しっとりしたソーセージにならないため、宗教上の規則が許せば、やはり豚の脂肪を加えることが多い。いうまでもなく、コーシャ[ユダヤ教の食品規定に従った食品]の認定を受けたソーセージには豚肉製品はいっさいふくまれない。菜食主義者向けのソーセージは、わざわざグルテン[小麦にふくまれるタンパク質の一種]とダイズタンパクからつくられる。典型的なレシピでは、タンパク質に、ソーセージの重さの20〜30パーセントの――場合によっては50パーセントもの――脂肪を加える。ソーセージのなかには、イタリアのモルタデッラのように肉と調味料を乳化させてから、飾りとして脂肪の大きなかたまりを混ぜるものもある。

ソーセージにはほとんどの場合、塩が加えられる。事実、「sausage(ソーセージ)」という言葉はラテン語の「salsus(塩漬け)」を語源とする。塩はソーセージにおいて、肉の腐敗を防ぎ、タンパク質を溶かして肉をつなぎ、塩味をつけるという3つの役割をはたす。

塩以外の調味料は、民族料理によってさまざまに異なる。黒コショウはよく使われ、イタリアの基本的なフレッシュ(生)ソーセージは、豚肉、塩、コショウだけでつくられる(アメリカで製造されるイタリア式ソーセージにはたいてい、フェンネルシード[ウイキョウの種子]とレッドペッパー[赤トウガラシ]も入っている)。ニンニクは、ドイツ、ハンガリー、フランス、ラテンアメリカ、ポー

マスタードを添えたフィンランドのソーセージ——この組み合わせは万国共通だ。

ランド、ポルトガル、スペイン、アメリカなど多くの国々でソーセージの風味づけに利用されている。チリペッパー（トウガラシ）は、さまざまな形態のもの（乾燥フレーク、カイエンヌ［粉末］、甘口または辛口パプリカ、あるいはスペインのピメントンのような燻製パプリカなど）が世界中のソーセージに使われている。北方のソーセージは一般に辛口のチリは加えないものの、マスタードを添えて出すことが多い。ソーセージが脂肪たっぷりで濃厚なため、薬味をピリッときかせたほうがおいしいからだ。材料を練りあわせて成形しただけのアメリカのブレックファストソーセージ［朝食用小型ソーセージ］にはたいていセージが入っているが、マジョラムを入れることもある。クローヴ、シナモン、ナツメグはブラック（ブラッド）ソーセージによく使われる。中国のソーセージ、臘腸《ラッチャン》は甘味が強く、砂糖、醤油、五香粉《ウーシャンフェン》（一般に桂皮〈シナモン〉、丁子〈クローヴ〉、ウイキョウの種子〈フェンネルシード〉、八角〈スターアニス〉、四川山椒《しせんさんしょう》などの粉末を混ぜあわせたミックススパイス――五香粉の「五」は5種類の香辛料をブレンドしたものという意味ではなく、「多くの」中国の香辛料がブレンドされているという意味）を加えてつくる。

すべてのソーセージがケーシング詰めされるわけではないが、大部分は何らかのケーシングに詰められる。ケーシングの素材は天然のものがもっとも多く、たいていは動物――ソーセージの主原料と同じ種である必要はない――の臓器を利用する。

ソーセージは多くの場合、涼しく風通しのよい場所に吊《つる》して乾燥させ、保存性とともに風味と食感を高める。十分に乾燥したら、常温で長期間保存できる。ドライ（乾燥）ソーセージのなかには、自然醱酵させるか、またはスターター（乳酸菌など）をフォースミートに加えて醱酵させたものもある。醱酵させると乳酸が発生し（乳酸醱酵）、この乳酸によって肉の保存性が高まるとともに、酸味と特有の風味成分がつくりだされる。ラントイェーガーやソップレッサータ、それにチョリーソのいくつかの種類は醱酵タイプである。ソーセージの多くは、つくってすぐ、もしくは涼しく風通しのよい場所に吊してしばらく風乾（自然乾燥）したのち燻煙する。燻煙するのにはふたつの理由があり、ひとつは肉が腐敗しないようにするためと、もうひとつは好ましい芳香をつけるためである。

肉を保存するためのさまざまな新しい技術が発達したにもかかわらず、ソーセージはいまも世界中の料理において重要な位置を占めている。農民は昔から、濃く味つけしたソーセージを少量加えて、野菜中心の食事を豊かにしてきた。ソーセージはおいしいだけでなく、捨てるようなくず肉や売り物にならない肉も活用することができる。現代のより高級な料理においては、ソーセージの脂肪分や塩分は抑えられ、そのぶん味や種類が豊富になっている。このようにソーセージは、塩分と脂質を抑えて洗練された舌を満足させることができるいっぽうで、素朴なものから上質なものにいたるまで幅広いおいしさを提供してくれている。

ソーセージは――世界の多くのすばらしい料理と同様に――もともとは農民の食べ物だったと思われるが、いまや美食の高みにまでのぼりつめた料理だ。しかしだからといって、そのつましい起源を忘れたわけではない。ソーセージに関するジョークには、余りものを利用する不潔さや、階級

ソーセージは昔から下品なユーモアの対象で、多くの人がこうしただじゃれ(「元気を出せ。最悪〈ソーセージ〉はまだやってきていない」[「最悪 worst」を「ソーセージ wurst」にかけている])はとても下品だと思っている。1907年の絵はがき。

や材料の卑しさを揶揄《やゆ》したものが多い。ビスマルクが言ったとされる、法づくりの裏側の醜悪さと、得体の知れない肉がおいしいソーセージに変貌するさまとを比較した有名な言葉が思い浮かぶ。第2次世界大戦以前のフランス首相エデゥアール・マリー・エリオも、ほとんど同じことを言っているが、フランス人らしく粋である。「政治とはアンドゥイエット［豚などの胃や腸を詰めたソーセージ］のようなものだ――ちょっとぐらい臭くてもいいが、臭すぎてはだめだ」。やはり政治家のミット・ロムニーも、アメリカ大統領選挙の遊説でこんなジョークを飛ばしている。「ウェイトレスが以前、スクラップルの材料では『ソーセージはつくれない』と言っていたが、ソーセージに向かない材料なんてあるのかね？」(3)

こうしたソーセージに対する中傷的な発言は昔からある。ソーセージがジョークのネタにされるのは、遅くとも紀元前5世紀のアリストパネス［アテナイの喜劇作家］にまでさかのぼる。『騎士』［松平千秋訳『世界古典文学全集第12巻　アリストパネス』筑摩書房に収録］のなかで、身分の低いソーセージ屋アゴラクリトスが市場（アゴラ）でデモステネスと政治家クレオンに声をかけられる。アゴラクリトスは臓物を洗ったりソーセージを売ったりしたいのだが、デモステネスはこの「アゴラずれして無鉄砲な悪党」である男に別の計画をもちこむ。そしてアゴラクリトスが政治家として成功するための必要条件を列挙する。

あんたがいつもやってなさることをそのままやりゃあいいんでさあ。なんでもかんでも切り刻んで、ごちゃまぜにして詰めこんじまう、それからちょっと庖丁を利かした公約で味つけして、国民をいつも丸めこんでおけばいいんですよ。政治家になるそのほかの条件はあんたにみんな揃ってまさあ、いやらしい声はしてるし、生れは悪い、アゴラずれはしている、とね。あんたには政治をやるのに必要なものは全部具わっているわけですよ。いろんな予言もデルポイの神託も、その点ピッタリ一致していまさあ、さあ冠をつけて、「のろまの尊《コアレモス》」にお神酒をお供えなさい。それからあの野郎とどう戦うか作戦をねるんですな。

ソーセージにひっかけてクレオンとさんざんにののしりあったあと、アゴラクリトスはこの政治家をソーセージでぶんなぐる。これよりずっとあとのある物語――ギ・ド・モーパッサンの19世紀の短編「復讐」――では、ソーセージが別の形で武器として使われている。ある女性が、敵に見立てた古着でつくった人形にネクタイ代わりにソーセージをぶらさげ、犬が襲うように調教する。犬を気が狂わんばかりになるまで飢えさせてから放し、ソーセージごとのどを引き裂かせようというのだ。この調教を3カ月間くりかえしたあと、犬を敵のところに連れていくと、予想どおりに結果がもたらされるのである（同じ計略がトマス・ハリスの『ハンニバル』［高見浩訳　新潮社］では飼い犬の代わりに凶暴な豚をもちいている）。

現存する最古の笑話集『フィロゲロス――ギリシア笑話集』［中務哲郎訳　国文社］には、ソーセージのジョークがひとつ収められている。「口臭のある料理人がソーセージを焼いていた。しかし臭い息をさんざん吹きかけたものだから、ソーセージがくそになってしまった」。現代なら、このジョークが受けるのはせいぜい8歳児までだろう。

アテナイオス［2世紀後半のエジプト生まれのギリシアの哲学者］の『食卓の賢人たち』［柳沼重剛訳 岩波書店］（3世紀前期）の第9巻には、ハムとそれに添えるマスタードについての議論があり、紀元前5世紀にさかのぼるエピカルモスの『キュクロプス *Kyklops*』から次のくだりが引用されている。「ゼウスに誓って、ソーセージはうまい。ハム（koleos）も然り」。アテナイオスはこう続ける。「もっとも博識な方々よ。エピカルモスはこのくだりでソーセージを chorde と述べているが、それ以外ではつねに orya と呼んでいますよ」。「orya」に言及しているのは重要である。というのもギリシア最古の喜劇作家とされるエピカルモスは、アリストパネスが「騎士」を著したほぼ1世紀前の紀元前５００年頃に「ソーセージ Orya」という題名の喜劇を書いているからだ。この作品はわずかな断片しか現存しないが、おもにソーセージの男根に似た外見をネタにしたものだったと考えられている。エピカルモスは、ソクラテスやプラトン、テオクリトス［紀元前3世紀前半のギリシアの牧歌詩人］に偉大な喜劇作家と認められただけでなく、ピタゴラス学派の哲学者、学徒としても認められていた。ということは、皮肉にもエピカルモスはおそらく菜食主義者だったのだろう［ピタゴラス学派は菜食主義だったとされる］。

ソーセージの見た目に関連した下品なジョークは多い。フランクフルトソーセージは「ホットドッグ」とか「ウィンナードッグ」［どちらもペニスの意がある］と呼ばれるし、イタリア、アブルッツォ州カンポトスト村のサラミは、コリオーニ・ディ・ムロ（ラバの睾丸）と呼ばれる。後者は実際にラバの睾丸からつくられているわけではないが、球根状の形をしており、それがぶらさげられた姿からこの名がついた。またクラテッロは、豚の尻肉だけをもちいることから、「肛門」を意味するイタリアの俗語にちなんで名づけられた。

ホットドッグなどのソーセージは（見ればわかるとおり）、「hide the sausage（ソーセージを隠す）」や、北米の「hide the salami（サラミを隠す）」「hide the baloney（ボローニャソーセージを隠す）」「いずれも「セックスする」の意」といったジョークに使われるようにペニスを表す俗語である。同様のジョークは古くからあり、遅くともエピカルモスの時代、おそらくはさらに以前にさかのぼるだろう。ソーセージはローマ時代の豊穣の儀式に欠かせないものでもあったので、紀元4世紀にはコンスタンティヌス大帝によって一時的に禁止されたことがあった。だが何世紀ものちにアメリカが禁酒法を試みたときと同様、闇取引がさかんに行なわれるようになっただけで、この禁止令もやはり数年後に廃止された。

ソーセージにはつねに下品でちょっと滑稽《こっけい》な側面があり、ある聖人はそれをうまく利用していた。6世紀、シリアのシメオン・サルスは娼婦らの守護者として高い評判を得ていた。シメオンは人知れず善行を積んでいたが、人前では狂人のふりをしていた。そしてこのようにふるまうのは、軽蔑される社会ののけ者になることで、真に悔い改めるためだと主張した。シメオンの「ばかげた」ふるまいには、聖金曜日［復活祭前の金曜日で、キリストの十字架上の死を記念する教会の祭日］に教会の階段でソーセージを食べることや、つながったソーセージを首にかけて死んだ犬を引きずりながら町を歩きまわることなどがあった。

下品な英語の俗語「get stuffed（くそくらえ）」は、文字どおりソーセージのこと［get stuffed は字義どおりには「詰め物をした」の意味］を指しているのではないかもしれないが、きっと無関係ではないだろう。ブルースの歌詞には食べ物をネタにした性的な婉曲表現が多くあり、ベッシー・スミスが「私のロールパンにホットドッグ」がほしいと歌ったとき、その意味がわからなかった人はまずいないだろう。「牛乳がただで手に入るのに、わざわざ牛を買う人はいない」ということわざにひとひねり加えた、おなじみのジョークにこういうのがある。「最近では、女性の80パーセントが結婚に難色を示している……というのも、小さなソーセージ1本を手に入れるために、わざわざ豚をまるごと1頭買うのは割に合わないと気づいたからだ」

小さなソーセージといえば、ジョン・ウォーターズ監督の映画『ピンクフラミンゴ』（1972年）では――ウォーターズのお家芸だが――ただの猥褻が過激なほどばかばかしく表現されている。たとえば登場人物のひとり、多形倒錯［幼児性欲があらゆる倒錯的傾向を発現しやすいこと］のレイモンド・マーブルは公園で陰部を露出するのだが、トレンチコートの前をぱっと開くと、その性器から大きなサラミがぶらさがっているといった具合である。

2011年12月、マーサ・スチュアート［アメリカのライフコーディネーター・クリエーター］は手づくりソーセージのテレビ番組を制作中、豚の腸がコンドームに似ていることにはたと気がついた。ばつが悪くなったものの、そのまま「ソーセージにはこれで十分です」などといって詰め方を説明しつづけた。このビデオがインターネットから削除されたのはきっとこのせいだとスチュアートは確信している。

あきらかに、ソーセージのジョークには洗練されたものがまず存在しない。最低の（だがそれでもおもしろい）ジョークのいくつかはだじゃれである。ドイツのだじゃれはきまってヴルスト（ドイツ語で「ソーセージ」の意）が使われる。たとえば、こんな看板がおそらく多くの精肉店のショーウインドウに掲げられているだろう。「当店のヴルストは最高です。当店の肉（ミート）はどこにも負けません［ヴルスト、ミートともに「ペニス」の意がある］」

「Phoney-baloney（うそ偽り）［字義どおりには「偽ボローニャソーセージ」］」は、19世紀後半にアメリカの俗語に加わった（そして20世紀前半によく使われた）ようだが、モルタデッラのアメリカ版であるふつうのボローニャソーセージを指しているわけではない（また、イギリス生まれのアメリカの作家P・G・ウッドハウス――と、アメリカのジャーナリストで作家のデイモン・ラニアン――の偽ラテン語「phonus balonus 偽物」も同様）。韻を踏んでいるのは、たんに強調のためだろう。「Phoney」は、信用詐欺の一種を指すイギリスの隠語「fawney」に由来するらしい[4]。「baloney（バローニ）」は当時アメリカでボローニャソーセージを指す一般的な言葉だったが、同じ「だます」という意味で使われていた。エリック・パートリッジ編『スラング辞典 *A Dictionary of Slang and Unconventional English*』には、ジャン・ボルドー博士のこんな説明が引用されている。「ソーセージは細か

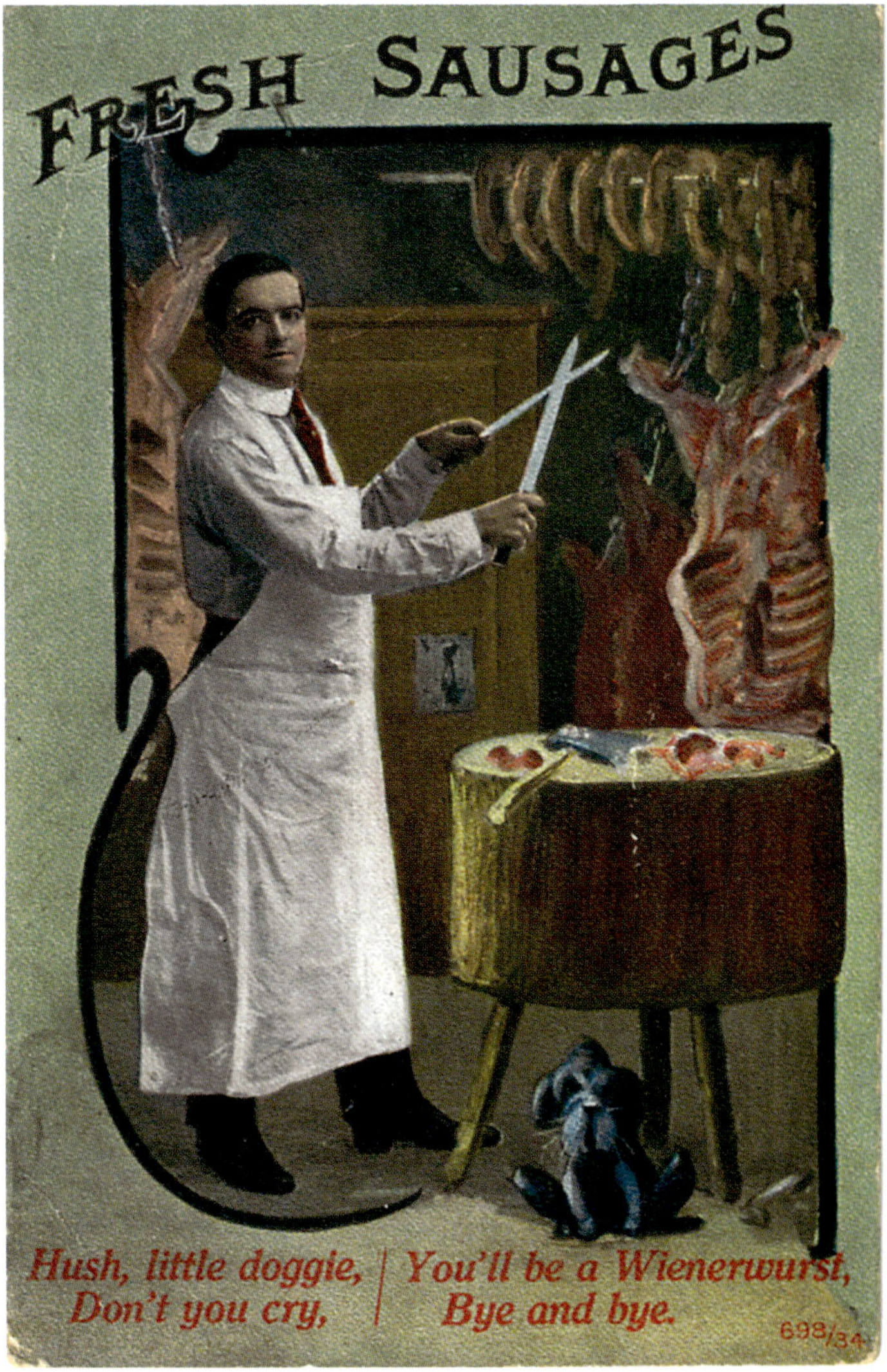

ホットドッグに限らずあらゆるソーセージが「得体の知れない肉」を原料にしているのではないかと疑われてきた。この絵はがきには日付がないが、消印から1908年頃に出されたものであることがわかる。(「シッ、鳴くんじゃない、ワンちゃん。お前もいずれウィンナーソーセージになるんだよ。バイバイ」)

1906年にアプトン・シンクレアの『ジャングル』が出版され、食肉業界の実態が暴露された直後に印刷されたイギリスの絵はがき。

くきざんだ肉の混ぜ物をケーシングに詰めこむことから、話をあることないことごちゃまぜにして会計検査官に詰めこむという意味が生まれたのだろう(5)」

得体の知れない肉を使っているというソーセージのイメージは、長年にわたりソーセージへの強い不信感を生んできた。現代人のベート・ノワール（大嫌いなもの）は脂肪であり、そしてソーセージの脂肪含有量はいうまでもない（脂肪分の少ないソーセージはぱさぱさで、食欲をそそらない）。しかし20世紀初頭、食肉業界の実態を告発したアプトン・シンクレア［アメリカの小説家］の『ジャングル』［大井浩二訳 松柏社］が出版されると、アメリカ人の注意は公衆衛生と食品の安全性に向けられた。非衛生的な食肉業界への国民の嫌悪は、純正食品医薬品法の成立と施行を余儀なくした。その20年前、ヴィクトリア朝のイギリスで、ソーセージの健全さ（もしくはその欠如）についての同様の懸念から、ソーセージ、それもとくに貧しい人々のあいだで食中毒を大量発生させていると疑われていた生ソーセージに対する反対運動が巻き起こっていた。『ジャングル』出版後のアメリカでは、公衆衛生と社会的公正が問題になったが、イギリスでは「刺激毒」――混ぜ物によるソーセージの粗悪化――が問題の元凶だった。

下品なユーモアの対象であるばかりか、しごく当然の懸念さえ抱かれているにもかかわらず、ソーセージはもっとも人気のある食品のひとつでありつづけている。２０１１年にアメリカの調査会社ハリス・インタラクティヴ社が全米ホットドッグ・ソーセージ評議会のために実施した調査からは、次のようなことがわかっている。

アメリカの成人の５人に４人以上（82パーセント）がソーセージを食べており……この男女比は、男性87パーセント、女性77パーセントである……一日のうちどの食事でもっともよくソーセージを食べるかという質問には、成人の過半数（54パーセント）が朝食と答え、26パーセントが夕食、４パーセントが昼食と回答した。また30パーセント対21パーセントの比率で、男性より女性のほうが多く、夕食にもっともよくソーセージを食べると回答している。(6)

この調査はホットドッグの消費量に触れてさえいない。ホットドッグはアメリカの食文化に絶対に欠かせないものなので、「ソーセージ」の一種であることすら忘れられがちなのだ。アメリカの作家H・L・メンケンは子供の頃からホットドッグが大好きだったが、のちにこう不満を述べている。「パンにはさんであったのは、いま何百万人というアメリカ人が食べているのとまさに同じ、ゴムのような、消化の悪い偽ソーセージだった」[7]。それでものちに妻に先立たれると（おいしい手料理も食べられなくなり）、メンケンは再びホットドッグ中心の食事に逆戻りした。

だがスタジアムで、焼き網の上で焼かれているフランクフルトソーセージや、ベルリンの通りで売られているカレー粉とケチャップをかけたソーセージだけがソーセージなのではない。いま世界中で職人技のシャルキュトリーが再び見直されており、なかでもソーセージに大きな注目が集まっているのだ。アメリカ、メリーランド州ボルティモアのウッドベリーキッチンのシェフ、ジョージ・マーシュは、こうした古くからある料理法を再評価し、さらに手を加えることに胸を躍らせている。

> 動物がまるごと1頭手に入ったら、利用方法について学ばなければならないことがたくさんあります。それは楽しくワクワクする作業ですが——そして乾燥熟成させた肉もおいしいものですが——、それだけでなく、地元で放牧して育てた動物を使って製品を製造することが望みだったのです。

豚のレバーはパテに、頭肉と足肉はスクラップルにする。マーシュはまた、頭肉をまるごとローストし、さらにブラッドソーセージもつくる[8]。マーシュはスローフード運動［ファストフードに対抗して唱えられた考え方で、伝統的な料理や食材を見直す運動のこと」に賛同しているが、食用とされる動物に敬意をはらいたいとも感じているし、失われつつある伝統料理についても研究したいと考えている。同じように、イギリスのシェフ、ファーガス・ヘンダーソンの「食材をとことんまで使い切る」姿勢（動物の捨てられる部位を利用すること）は、ソーセージをそもそも生みだすことになった質素倹約の精神をよみがえらせた。作家のジョン・バーローは著書『鳴き声以外すべて食べられる――スペイン北部で豚をまるごとたいらげる *Everything but the Squeal: Eating the Whole Hog in Northern Spain*』（２００８年）で、同様の「無駄がなければ、不足もない」精神を論じている。

こうしてバーローやヘンダーソン、マーシュのような料理人は、私たちの祖先がすでに知っていたこと、すなわち、ソーセージに使われる「得体の知れない肉」は驚くほどおいしくなりうることに気づいたのである。

第2章◉古い時代のソーセージ

ソーセージはすべて、最初は生の味つけひき肉である。そのあとどのように加工されようと、細かく切りきざんでから塩と――たいていは――ほかの何らかの調味料を混ぜたタンパク質としてスタートする。生の味つけひき肉はパティに成形したり、ケーシングに詰めたりするほか、そのままくずしてソースにしたり、アメリカのブレックファストソーセージのように、家禽のローストなどに使う詰め物（スタッフィング）に混ぜたりする。

生ソーセージは食べる前に必ず加熱調理しなければならない。現代の養豚では旋毛虫《せんもうちゅう》病の危険性はほとんどなくなっており、アメリカで近年報告された感染例はクマの肉を食べたことによるものだけである。寄生虫に感染するのは、ほかの動物の肉を食べる哺乳類の肉を食べた場合だけで、現代の豚はもっぱら植物性の飼料で飼育されている。しかしあらゆる種類の細菌および寄生虫感染症は、保存処理されていない生のソーセージを食べることで生じる恐れがある。これは豚肉以外の

料理菓子専門学校ル・コルドン・ブルーで、ブーダンブランの詰め方を教えているところ。

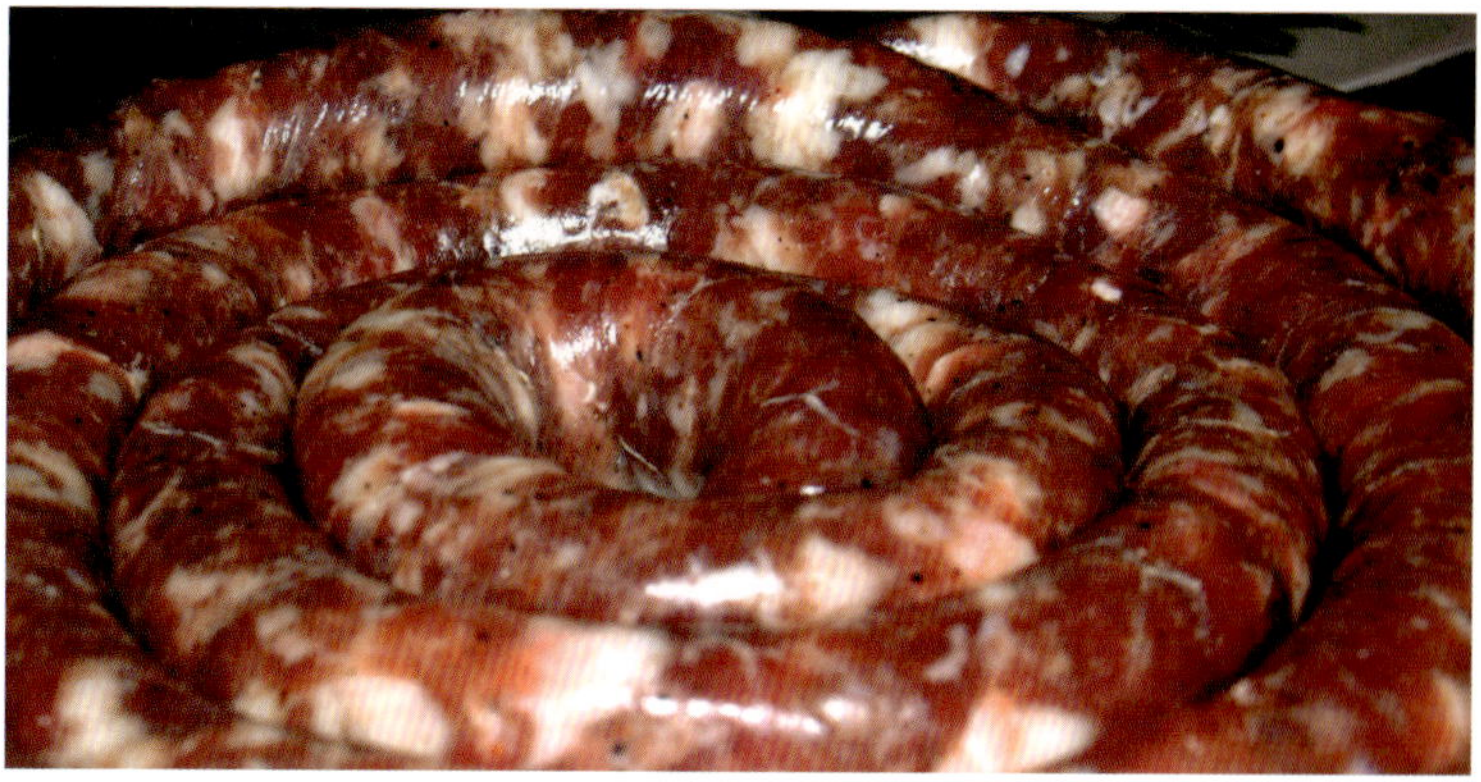

豚腸に詰めた生ソーセージ、サルシッチャ。

肉でつくったソーセージにも当てはまる。生の牛肉や家禽の肉、一部の魚介類には有害な病原菌がふくまれていることがある。腕のいい料理人は自分で味を確かめながら調理するものだが、ソーセージづくりにかぎっては、ケーシングに詰める前に肉生地の一部をとり、加熱してから味見することが大切だ。

生ソーセージには、スウェーデンのユールコルヴから南アフリカのブーレヴォルス、タイのサイクロック、オランダのハーグ・レイファーウォルストにいたるまで、世界中にさまざまな種類がある。冷蔵技術がない時代には、生ソーセージはすぐに腐敗がはじまった。もちろん塩が肉の保存性を高めるのに役立ったが、塩分含有量を非常に多くして、食べる前に（今日の一部のハムや塩漬け干しダラのように）水に浸して塩抜きするのでないかぎり、長期保存するには別の方法が必要だった。

肉が腐敗するおもな原因は細菌である。こうした細菌は肉のなかに最初から存在しているが、動物の免疫系（動物が屠畜されると機能しなくなる）によって管理可能な状態に保たれている。細菌はまた、とくに加工中の二次汚染など、昆虫や、あるいは何もしなくても空気を通じて外部からも肉のなかに侵入する。

細菌は感染症を引き起こして人に直接的に害をおよぼすこともあるが、それよりも細菌がつくりだす老廃物（肉を消化する過程で、人がみずから体内に保存してしまう）によって中毒になることのほうが多い。残念ながら、すべての種類の「中毒」が楽しいものというわけではない。食中毒が好きでたまらない人などひとりもいないだろう。

細菌が繁殖するには、食べ物（肉）、水、適当な温度が必要になる。だから有害な細菌の増殖を防ぐ簡単なふたつの方法は、細菌が発育できない水準まで水分を減らすことと、増殖率を最小限にとどめる水準まで温度を下げることである。有害なもの有益なものにかかわらず、細菌を制御する方法については第5章の「塩漬」の項で解説する。

私たちの祖先はまた早くから、くすぶる（いぶる）火のそばに肉を吊すと腐敗しにくくなることを知った。ハムやジャーキーはもちろん、ソーセージを燻煙すると、いぶすことでいくつかのメリットがもたらされる。ひとつは乾燥期間が短縮され、「悪い」細菌が悪さをする時間が少なくなること。ふたつ目は煙が頑強な障壁をつくりだし、のちに雑菌が侵入しにくくなること。3つ目は、煙のなかに抗菌性物質が多くふくまれることである。そして何といっても、煙はとても魅力的な芳香を食品につけてくれる。

豚肉の格別のおいしさはさておき、豚は人間があえて食べようとは思わない食べ物（廃棄された残飯や「木の実」――豚が森のなかで自分で見つけられるドングリなど）を効率的にエネルギーに変換する。十分な水（または泥が、汗腺のない豚が水浴びや泥浴びをして体を涼しく保つのに欠かせない）さえあれば、豚は人間にとって安価な食料源になる。ただし中東のような暑く乾燥した場所では、豚にとって理想的な環境を用意できない。このことがおそらく、ユダヤ人とイスラム教徒が古くから豚を忌み嫌った理由なのかもしれない。豚の飼育に適さない地域では、豚以外の動物性タンパク質を使ったソーセージが発達した。後述するように、トナカイからカンガルーまでありとあらゆる動物がソーセージのケーシングに詰められている。

人類が世界中に散らばる際、お気に入りの伝統料理をたずさえていっては、落ち着いた先々で見つけた新たな材料や加工法をとり入れていった。ソーセージの製造をはじめ、私たちがあらゆる料理に使っているさまざまな調味料には、地球規模の人類の交易と移住の歴史が映しだされている。

おそらく「フェイクロア」〔いんちき民間伝承のこと〕としてよく知られているかなり疑わしい食物史によると、ソーセージはローマ皇帝ネロの料理長が紀元1世紀中頃に発明したという。ソーセージについてはその千年ほど前に『オデュッセイア』で触れられているので、ネロの料理長が生みの親ではなさそうだ。

実際、大げさな売り込みや自己宣伝にもかかわらず、新しい料理が「ゼロから生みだされる」ことはめったにない。料理人はふつう過去のレシピを改良したり手直ししたりするか、もしくはほかの既存の料理と組みあわせて新しいレシピをつくる。したがってネロの料理長は、昔もいまもほかの多くの料理人がしているように、ソーセージの新種を考案したのだろう。

ソーセージは、古代ローマ人には一般に「farcimen（ファルキメン）」として知られ、この言葉は現代の料理用語「farci（ファルシ「詰め物をした」）」の語源になっている。ほかにも、キルセリ（circelli）、インシキア（insicia）またはインキシア（incisia）、ルカニカ（lucanica）、トマキナエ（tomacinae）などとも呼ばれていた。インシキアはローマ時代の料理書『料理について *De re coqui-*

パリの店に並ぶさまざまなソーセージとパテ

naria』（一般には5世紀のアピキウスの作として知られているが、実際にはアピキウスの死後、数世紀かけてさまざまなレシピをまとめたもの）に、現代のクネルの祖先と考えられる魚介類のすり身でつくったソーセージとしてひんぱんに登場する。1世紀のローマの風刺詩人マルティアリスは、ローマの露店商人が湯気のたつ熱々のトマキナエを大声で売るようすを描写している。「怪しげな」という意味のぴったりの名前がついたペンドゥルス（pendulus）は大型で（豚の盲腸または腸に詰められている）、薄切りにして食された。当時、人気のあったストリートフードにはほかにボトゥルス（botulus）があり、これは濃厚なブラッドソーセージである。ボトゥルスはスペインのソーセージ、ボティージョ（botillo）やブティエルー（butiellu）、ポルトガルのソーセージ、ボテロ（botelo）といった名前で今日に伝わっている。こうした名前はすべて、もともとはラ

テン語で「腸」を意味する「ボテルス（botellus）」に起源をもつ。

1世紀のローマの廷臣ペトロニウス・アルビテルが著した『サテュリコン』［国原吉之助訳 岩波書店］では、裕福な（しかしまったく無能な）詩人トリマルキオが宴会を催し、その席で客の前にとてつもなく大きな豚の丸焼きが出される。その際トリマルキオは、料理人がうっかり内臓を抜かずに焼いてしまったと腹をたてたふりをする。だがその場で料理人が腹を切り開くと、ソーセージがどっとあふれでて――内臓肉を詰めたソーセージを内臓に見立ててあり――客は大喜びする。このローマ時代のジョーク（「ポルクス・トロイアヌス」、文字どおり「トロイの豚」と呼ばれていた）はまた、5世紀初期のローマの著述家マクロビウスの著書『サトゥルナリア *Saturnalia convivia*』でも言及されており、マクロビウスは、このジョークはペトロニウスの2世紀前からよく知られていたと主張している。

前述の『料理について』（4～5世紀）には、ソーセージのレシピが多数収められている。アピキウスは有名な美食家で、財産を食道楽に費やしたあげく、言い伝えによれば、このような豪勢な食生活を続けられなくなることを恐れて自殺したといわれている（アピキウスの「預金残高」は、減ったといっても現在の数百万ポンドに相当する額がまだ残っていた）。『料理について』はあきらかに、舌の肥えた食事客に出すごちそうを意図している。ソーセージは質素倹約の精神から生まれたのだろうが、古代ギリシア・ローマ時代にはすでに美食家の注目に値する料理になっていたのである。

スペイン、バルセロナのチャルクテリア（食肉加工品販売店）

『料理について』の第2巻はいくつかのフォースミートではじまる。貝のすり身にクミン、ラヴィッジ［アジア原産のセリ科の植物］、コショウ、シルフィウム（採取されすぎて皇帝ネロの時代に絶滅したある植物の樹液を固めたもの。硫黄に似た悪臭がする）を混ぜたもの。イカをすりつぶしてペースト状にし、リクァーメン（タイの塩辛い魚醤《ぎょしょう》ナムプラーに似た、ローマ時代の定番の調味料）で味つけしたもの。クルマエビまたはイセエビをすりつぶし、リクァーメン、コショウで調味したもの。ローストした豚レバーをすりつぶし、リクァーメン、ヘンルーダ、コショウで味をつけ、ベイリーフ（月桂樹の乾燥葉）に包んで燻製にしたもの。加熱調理した脳をモルタデッラと同じくらいなめらかになるまですりつぶし、リクァーメン、ラヴィッジ、オレガ

ダニエル・ホッファー（1493～1536年）「ソーセージ売りとカーニバルの踊り子」エッチングおよびエングレービング

ノ、コショウを混ぜてから、つなぎに卵を加えたもの。調理済みのイガイ（二枚貝）を、アリカ（セモリナ粉「デュラムコムギの胚乳部を粗びきにした粉」に似た穀類）、リクァーメン、コショウといっしょにすりつぶしてペースト状にしたもの（これに松の実とコショウの実を混ぜ、網脂《あみあぶら》「豚の内臓を包んでいる網状の脂肪」に包んでローストする）。何かの肉をすりつぶし、コショウ、リクァーメンで調味し、ワインに浸したパン粉をつなぎに加えたあと、前述のイガイのフォースミートと同じ要領で仕上げたもの。そして最後は、やはり何かの肉にカモミール、リクァーメン、ラヴィッジ、コショウで味つけしたもので締めくくられる。

アピキウスは、ソーセージミート「ソーセージ用の味つけひき肉」は「皮が破裂するまで焼く」と具体的に述べたあと、各ソーセージミートのランクづけまでしている。お気に入りはクジャク肉で、次いでキジ肉、ウサギ肉、鶏肉と続く。今日ソーセージミートにもっともよく利用される豚肉は最下位だ。アピキウスは自身の料理書にブラックプディング（ブラッドソーセージ、ブーダン［フランス版ブラッドソーセージ］）のレシピを2種類加えている。ひとつは、血液にきざんだ松の実、ポロネギ、コショウ、固ゆで卵の黄身を加え、腸に詰めたあと、リクァーメンとワインで沸騰しない程度に煮たもの。もうひとつは、脂、ポロネギ、リクァーメン、ラヴィッジ、コショウ、生卵に、コショウの実と松の実を混ぜこんだもの［血液の入らない白いブーダン（ブーダンブラン）］である。

今日のギリシアのルカニカ（loukanika）とイタリアのルガーネガ（luganega）は、ともに4世紀に書かれたラテン語の著作（『料理について』）とギリシア語のパピルス写本にそれぞれはじめて登場したソーセージの名前を語源とする。ギリシアのルカニコン（loukanikon）とローマのルカニカエ（lucanicae）は、イタリア半島南部にあった古代ギリシア植民都市群（マグナグラエキア）のルカニア（Lucania）地方に由来する（ルカニア［現アマルフィ］海岸南部にあった植民都市パエストゥムには、ギリシアのどこよりも保存状態のよい古代ギリシアの神殿が残っている）。ローマ軍兵士は2世紀にこの地方を征服した際にこうしたソーセージをはじめて知り、第2次世界大戦時のアメリカ兵のように異国の味を祖国にもち帰った。アピキウスは料理書のなかでルカニカエについて11回ほど言及しており、月桂樹の——葉ではなく——実、クミン、パセリ、コショウ、ヘンルーダ、セイヴォリーなどを加えてつくるレシピを紹介している。必要な量の塩はリクァーメンでまかない、この場合もやはり、フォースミートは乳鉢ですりつぶしてなめらかなペースト状にし、そこへ脂肪、粒のままのコショウの実、松の実を加える。このソーセージ生地を腸に詰め、吊して燻製にする。肉の種類も分量も書かれていないため、ルカニカエの原型がどのようなものだったかを正確に知ることはむずかしい。

しかし今日ギリシアでは、ルカニカ（ルカニコ）は豚や子羊のひき肉にフェンネルシードとオレンジの皮で風味づけし、豚の腸に詰めてつくられる。これにくわえ、コリアンダー、ニンニク、オレガノ、コショウ、タイムなどを入れる地方もあれば、ワインに漬けてからグリルで焼く地方もある。ルカニカのようなソーセージはメゼ（前菜）、もしくは主菜の一部として食べられる。ローマ人は燻煙したソーセージを好んだが、ギリシアのソーセージはほとんどが生ソーセージである。

ローマ帝国が滅亡し、古代ギリシア・ローマ時代が終焉を迎えると、書物のなかでソーセージについて言及されることはほぼなくなった。もちろん、これはソーセージを食べなくなったということではなく、たんに人々がソーセージについて書かなくなったにすぎない。実際、いくつかの疫病がヨーロッパを荒廃させると、多くの農地が森林にもどったが、カシやブナの森林地帯は豚がえさを求めて探しまわるのに最適だった。疫病によって減少した人類はおそらく、かえって以前より豚肉を食べていたと考えられる。

ヨーロッパでは、読み書きできるのはおもに聖職者に限られた。修道士は古代の著作を書き写すことに非常に長けていたが（少なくともキリスト教の教義を支持しているものであるかぎり）、料理書のようなくだらない著作には目もくれなかった。しかしイスラム世界では独自の文学が花開いていた。イスラムの学者は、のちにヨーロッパのルネサンスの源泉となるギリシア・ローマ時代の文献やヘブライ語の文献をていねいに保存したほか、料理法をはじめとする芸術に関する書物を書いた。現在のイラクにあたる場所に住んでいたふたりの人物――イブン・サッヤール・アル＝ワッラクと、ムハンマド・ビン・ハサン・アル＝バグダーディ――は、それぞれ10世紀と13世紀に『料理の書 *Kitab al-Tabikh*』という同じ題名の本を著している。実際には、この2冊の本は書かれたというより、『料理について』と同じように編纂されたものである。先に書かれた『料理の書』には、マシル（羊の腸に詰めるソーセージの一種で、現在もつくられている）、網脂に包んだ子羊のレバーソーセージ、それにラカニク（やはりこれも古代ローマのルカニカを語源とする）などのレシピが収められている。宗教上の理由から、ソーセージは鶏肉、ヤギ肉、子羊肉を原料としたが、味つけには、コリアンダーやヘンルーダ、カンショウ、タイムなどのハーブのほか、桂皮やクローヴ、ガランガル、ショウガ、コショウといった南アジア原産のさまざまなスパイスが使われた。あとに書かれた『料理の書』にはスクタールと呼ばれるソーセージのレシピが加えられており、これはコメとヒヨコマメをつなぎに、シナモン、クミン、マスティック［コショウボクから採れる芳香ゴム樹脂］、サフランで香りづけしたものである。

中世盛期［ヨーロッパ史における11〜13世紀までの時代。人口が大幅に増加し、経済が成長した］には、宮廷生活とともに、何世紀ものあいだヨーロッパでは見られなかった一種の誇示的消費［富や地位を誇示するための消費」が花開いた。十字軍が、古代ギリシア人やローマ人には知られていた香辛料（や文学）――イスラムの中東ではずっと知られていたもの――をヨーロッパに再導入すると、ヨーロッパの食生活は変化を遂げた。現代と同様に、消費は（少なくとも裕福な人々のあいだでは）その時代の医学的考えを反映していて、貴族階級は高価な食べ物をもちいてみずからの富と健康意識を誇示した。現代人は脂肪と炭水化物を気にするが、それは医者が現代の科学にもとづいてそう指導するからである。中世には、医者は10世紀のペルシアの医学者アヴィセンナ（イブン・スィーナー）の著書にならい、料理に中東独特の味つけをして食べていた。香辛料をふんだんに使い、「甘くない」料理にまで果物や砂糖を加えていた。こうした味つけは現在も、昔ながらのソーセージやプディング［ソーセージの一種］によく見られる。

香辛料や砂糖のような外国のぜいたく品に対する需要が増大すると、香辛料貿易を独占していた中東の商人を通さずに手に入れようという動きが起こった。これこそが、ルネサンスと時を同じくして、大航海時代――ヨーロッパが文字どおりの意味でも比喩的にも水平線（視野）を拡大した時代――をもたらしたのである。本書の主題であるソーセージにも、この拡大は多少の影響をおよぼした。砂糖と香辛料をより安価に供給するための新たなルートを見つけることは、これらの品物がもはや以前ほど高級品ではなくなるということであり、つまりは自分を誇示したい消費者にとって魅力が薄れることを意味していた。すると今度は、2世紀のギリシアの医学者で哲学者のガレノスの著作が再評価されるようになり、この時代の医学的考えは中東の影響から遠ざかっていった。

これらふたつの要因が嗜好に変化をもたらし、それまでの味つけが濃く香りの強い食べ物は好まれなくなっていった。

ルネサンスにより文学と芸術が花開くと、料理書が再び書かれるようになり（さらに、少しあとには印刷もされるようになり）、ソーセージの種類や流通にも変化が現れた。よく知られる14世紀の料理書（イギリスの『料理の方法 *The Forme of Cury*』や、ドイツの『おいしい食べ物の書 *Das Buch von Guter Spise*』）では、ソーセージについて具体的に触れられていないが、ほかの料理書には詳述されている。14世紀末に匿名で書かれた『パリの家長 *Ménagier de Paris*』には、血とガチョウ肉もしくはレバーでつくるブーダンやアンドゥイユ［豚などの胃や腸を詰めた太いソーセージ。細いものはアンドゥイエットと呼ばれる］、フェンネルを加えたポーク（豚肉）ソーセージが収められている。14世紀後期に匿名のヴェネチア市民が書いた『台所の書 *Libro di Cucina*』には、モルタデッラ（レバー、卵、チーズでつくるタイプ）、サフラン入りの白ワインに漬けて黄色く着色したケーシングを使う「黄色燻製ソーセージ」、網脂に包んでグリルで焼いたレバーソーセージ、フェガテッリなどのレシピが載っている。レシピの多くには、中世の定番の調味料プードゥルフォール（シナモン、クローヴ、ショウガ、メース〈ナツメグの仮種皮〉、コショウ、クベバ――ヒッチョウカ、学名 *Piper cubeba*――を混ぜあわせたミックススパイス）が使われている。今日のキャトルエピスは、プードゥルフォールとそれによく似たプードゥルドゥース（シナモン、クローヴ、ショウガ、ナツメグ）の子孫である。アメリカのパンプキンパイスパイスブレンド［パンプキンパイの味つけ用にブレンドされた香辛料］

もやはり、こうした中世のミックススパイスにその起源をたどることができる。

15世紀には、料理書はソーセージのレシピで分厚くなっていた。匿名のトスカーナ人による『料理の書 *Libro della cocina*』には、モルタデッラのほか、魚肉に細かくきざんだ調理済み青野菜とタマネギを混ぜて詰めたコマンデッラ、ハードタイプの乾燥サラミのフローリオ、加熱した子牛の胃と卵、チーズを詰めた名前のないソーセージ、豚肉と子牛肉にハーブを混ぜてつくるやはり名前のないさまざまなソーセージ、豚レバーとマジョラム、コショウをいっしょにすりつぶし、網脂に包んで焼いてからサフラン風味のワインで煮たモルタデッラの一種、トマチェッリが収められている。

サヴォイ侯爵の料理長、マエストロ・マルティーノの『料理術の書 *Libro de arte coquinaria*』には、南イタリアのナポリ料理はもちろん、北イタリア（ミラノ近郊とコモ）の料理の影響がみられる。そのレシピの多くは、彼の友人で称賛者でもあったイタリアの人文主義者プラティーナ（バルトロメオ・サッキ）の『正しい喜びと健康について *De honesta voluptate et valetudine*』に収録されている。これらの料理書には、子牛肉のモルタデッラ、レバーまたは豚バラ肉とチーズのトマチェッリ、豚肉または子牛肉の黄色チェルヴェラータ、また現在もつくられているルカニカエタイプのイタリアソーセージに似た、豚肉とフェンネルのソーセージがふくまれている。プラティーナのルカニカエは吊して燻煙した。

『ナポリの料理人 *Cuoco napoletano*』は15世紀に出版されたものではあるが、この時代に現存していた写本のレシピをまとめたものである（現在はニューヨークのモルガン図書館に所蔵されている）。

この本にあるトマゼッレのレシピには、豚のレバーとバラ肉に卵、フレッシュチーズと熟成チーズ、干しブドウ、ハーブ、香辛料を混ぜ、網脂に包んでラード〔精製した豚の脂肪〕で焼くと書かれている。ある名前のついていないソーセージは、クルミ、チーズ、ニンニク、干しブドウ、香辛料、子牛の脂肪を混ぜ、子牛の腸に詰める。またキルヴェラートは、子牛肉または豚肉に卵、チーズ（具体的にはパルメザンチーズ）、香辛料を加え、最後にゆでて仕上げるソーセージだ。これだけ多くのレシピに卵とチーズが加えられているのはめずらしいが、ほかにも豚肉だけ（または子牛肉だけ）を使って、味つけにコショウと、ほかのソーセージより多めの塩を入れた「おいしいボローニャ」ソーセージのつくり方も紹介されている。

16世紀のはじめには、匿名の作者が『女性のための手引書――多種多様なおいしいレシピ集 *Manual de mujeres en el cual se contienen muchasy diversas recetas muy buenas*』を出版した。この料理書には新大陸のチリが不可欠な香辛料になる直前の時期のチョリーソのレシピがあり、興味深い。このソーセージは豚の肉と脂肪に粉末クローヴ、ニンニク、塩、白ワインを混ぜ、小麦粉をつなぎにしてつくる。フォースミートは詰める前に一日寝かせて熟成させ、詰めたあと吊して燻煙する。『女性のための手引書』には、ブラッドソーセージ（モルシーリャ）が2種類収められている。ひとつはパン粉をつなぎにして、シナモン、クローヴで風味づけし、アーモンド、松の実、ゆで卵の黄身を混ぜこんだもの。もうひとつは、それに豚肉を加えたものである。

16世紀中頃に出版された『料理術の最良の書 *Livre fort excellent de cuysine*』は、ルネサンス期の料理と、1世紀後にラ・ヴァレンヌの『フランスの料理人――17世紀の料理書』〔森本英夫訳 駿河台出版社〕ではじめて登場する、すぐにそれとわかるフランス料理との過渡期に当たる料理書だ。そのアンドゥイユのレシピでは（材料が豚、子牛、羊、いずれの内臓であれ）、プラティーナの著作や『台所の書』にあったようにサフランで着色したケーシングを使っているが、サフランはワインではなく酸味のあるベル果汁〔未熟のブドウなどの果物からとった果汁〕に溶かしこまれる。そしてケーシングに詰めたのち、煙突のなかに吊して冷燻〔低温の煙で長時間かけて燻煙する方法〕する。ブーダンも数種類ふくまれており、子牛または羊のレバーに、タマネギ、スグリの実もしくは酸っぱいブドウの実を混ぜこんだもの、子牛肉または豚肉にガチョウの脂肪、牛乳、卵黄を加えた白いブーダン、脂肪と加熱した豚レバーにハーブで味つけし、やはりスグリの実もしくは酸っぱいブドウの実を混ぜこんだものなどがある。ボローニャソーセージは豚肉、牛肉、豚の脂肪（すべて同量）のみを使い、それに塩と粒のままのコショウの実を加える。この料理書にはさらにセルヴラ（cervelat）とロンバルディア風ソーセージと呼ばれるもののレシピもあり、後者は去勢した雄鶏と、シギやヤマウズラのような猟鳥の肉を混ぜてつくる燻製ソーセージである。

セルヴラは『サビーナ・ヴェルツェンの料理書 *Das Kochbuch der Sabina Welserin*』（1553年）にツェルヴェラート（zervelat）として登場している。これはきわめて初期のドイツ語の料理書で、言語を問わず女性によって書かれた最初の料理書のひとつである。この本には現代の料理書には書かれていない、ソーセージの詰め方についてのこんなアドバイスが載っている――「三日月のときに詰めること」。ヴェルツェンの黄色ツェルヴェラートは、シナモン、クローヴ、ナツメグ、砂糖で甘い味つけがしてある。これ以降のあらゆるドイツ語のソーセージづくりの本と同様に、『サビーナ・ヴェルツェンの料理書』にもブラートヴルスト〔焼いて食べるドイツのソーセージの総称〕、レバーヴルスト（ほかの多くは、この本のように豚の肺、キャラウェイシード、ベーコンの角切りは加えない）、シカ肉ソーセージのレシピがふくまれている。このレシピではシカ肉ソーセージにシカのレバー、肺、脂肪を使用しているが、現代のシカ肉ソーセージにはより口当たりのよい豚の脂肪がもちいられる。

イタリアの料理人クリストフォロ・ディ・メッシスブーゴは16世紀中期以前に料理書を書き（ディ・メッシスブーゴは1548年に亡くなったが、その著書『宴席――食べ物と諸々の道具立ての構成 *Banchetti, composizioni di vivande e apparecchio generale*』は1549年になってはじめて出版された）、貴族の宴会の準備と給仕についての心得を詳細にまとめている。彼のあまり知られていない著書『あらゆる種類の食べ物についてわかる新しい本 *Libro novo a far d'ogni sorte di vivanda*』（1557年）には、ソーセージのレシピが20種類ほど収録されており、これまで述べてきたソーセージも多数ふくまれている。それには、モルタデッラが数種類、多数のレバーソーセージ（トマゼッレ）、アンドゥイエットのように臓物でつくるサンブデッリ、赤と白のチェルヴェラーティ（cervel-lati）、「公爵風」チェルヴェラーティ、フランス風チェルヴェラーティ――赤には血液、白には肉の代わりにチーズ、卵白、牛乳をもちい、公爵風にはレバーとサフラン、フランス風には子牛肉と

ダーフィット・テニールス（子）「ソーセージづくり」（1651年）

フェンネルを入れる――などがある。

　バルトロメーオ・スカッピの記念碑的な料理書『料理術大全 *Opera dell'arte del cucinare*』（１５７０年）には、千種類近いレシピが収められている。この料理書は多大な影響をおよぼし、オランダ語とスペイン語にも翻訳された。

　スカッピは屠畜と肉の保存法（ソーセージのほか、ハム、猟鳥肉、脂肪など）、それに腐敗の見極め方について解説している。スカッピのレシピは、料理のあらゆる手順において細部にまで細心の注意がはらわれており、その点でそれまでの料理書とは一線を画する。ソーセージのレシピには、トマチェッレ（tommacelle）、サヴィロイ（子牛や子羊の胸腺や膵臓《すいぞう》［スイートブレッド」が入っているものといないもの)、モルタデッレ(*mortadelle*)、ブラッドソーセージのほか、さまざまな肉や果物、トリュフ、ナッツ、チーズなどを使ったあらゆる種類のフォースミート、パイク(カワカマス)やチョウザメ、マス、マグロを材料にした種々の魚肉ソーセージなどがある。

ランスロ・ド・カストーの『台所の公開 *Ouverture de cuisine*』(1604年)にも魚肉ソーセージが数多く登場する。カストーの「ソーシス・ド・ボローニュ・ド・ポワッソン」は、一般に知られているボローニャソーセージとは似ても似つかない。これはコイ、生サケ、燻製サケに、ワイン、シナモン、卵を混ぜてつくる。カストーはまた、チョウザメのソーセージのレシピをふたつ、パイクのソーセージをひとつ、さらに小型のサメを使ったソーセージもひとつ紹介している。

マルクス・ランポルトの『新しい料理書 *New Kochbuch*』(1581年)には、めずらしいソーセージがいくつか収録されている。羊肉とベーコンを羊の網脂に包んだソーセージ、卵とショウガ、コショウ、サフランを加え、ゆでて仕上げる豚の脳入りソーセージのヒルンヴルスト、豚の胃袋に詰めたソーセージが数種類、あきらかに現代のドイツソーセージの先祖であるソーセージがやはり数種類載っているほか、おそらくイタリアの牛肉ソーセージと思われるツルフォナーダというソーセージにも簡単に触れている。ランポルトは著書のなかで、この大型の冷燻製ソーセージは「貧しい人にとっても大貴族にとっても……ごちそうである」と断言している。フランツ・ド・ロンツィアの『さまざまな料理の本 *Kunstbuch Von Mancherley Essen*』(1598年)では、「多くのソーセージとソーセージづくりについて」解説されている。いくつかは今日ドイツでコッホヴルストと呼ばれているもので、これは加熱済みの原料肉を使用したソーセージのことである。たとえばクレイン・ツォツィシェン（小型のソーセージ）には、ローストした豚の肉、腎臓、ベーコンが入っている。この料理書にはまた、野ウサギやシカ、イノシシなどの猟獣肉のソーセージのレシピも数種類収められている。

16世紀末のイギリスの料理書のなかには、『すべての人にとって必要かつ喜びを与える料理の本 *A Book of Cookrye Very Necessary for All Such as Delight Therein*』（１５８７年）のように、依然として中世の甘く複雑な味わいのミックススパイスを好むものもあった。実際、レバーソーセージにクローヴ、デーツ（ナツメヤシの実）、メース、干しブドウ、サフラン、砂糖を加えるよう指示しているレシピもふたつある。イギリスではあきらかに、甘い料理と甘くない料理とがまだはっきりと区別されていなかった。

古代ローマのルカニカエは、料理書の暗黒時代（ローマ帝国の滅亡から、これまで説明してきたような料理書が再び出版されるまでの期間）にも存在していたにちがいない。というのも、ルカニカエの子孫が世界のあちこちに数多く見られるからだ。ソーセージ――あるいは、少なくともその名称――はヨーロッパ全域に広がったのち、ヨーロッパ人が植民地化した多くの地域に伝わった。ローマ時代のソーセージの子孫はいまもイタリア各地に残っており、それにはバジリカータ州のルカニカ、ロンバルディア州のルガーニガ、ヴェネト州のルガーネガ・ディ・トレヴィーゾ、ピエモンテ州のルガーネガ、コルシカ島のロンツォなどがある。

ルカニカ（lucanica）を語源とするポルトガルのリングイッサ（linguiça）は、パプリカで赤く染めたニンニク風味のソーセージだ（パプリカはいうまでもなく古代ローマ人が知らなかった食材であり、ルカニカのレシピが新大陸発見後も変化しつづけたことを証明している）。リングイッサは入植者とともにポルトガルからアンゴラ、ブラジルに伝わり、そこで現地の嗜好と食材に合わせて進化を続けた。かつてポルトガルの港市《こうし》だった、インドのアラビア海沿岸のマンガロールにはいまもローマカトリック教徒が住んでいる。ここのリングイッサは辛口のチリのほかターメリックがわずかに加えられ、ほのかに南アジアの風味を帯びている。

スペインのチョリーソとそのポルトガル版のショリーソはともに、新大陸からチリが供給されるようになると、まったく異なるソーセージになった。どちらも進化しつづけ――ヨーロッパの祖先とのつながりをあるものはなくし、あるものは維持して――、今日知られているような、メキシコをはじめとするラテンアメリカのさまざまなチョリーソになった。

第3章◉ヨーロッパのソーセージ

ソーセージは世界中でつくられているが、とりわけ多種多様なソーセージをつくっている地域がいくつかある。ヨーロッパはその点で群を抜いているが、それはおそらく豚を育てるのに理想的な環境と、塩の豊富な供給量、それにハム・ソーセージづくりに適した涼しい気候の季節があるからだろう。しかしヨーロッパでソーセージの伝統のある国は、イギリス、フランス、ドイツ、イタリアのようなソーセージ大国だけではない。事実、欧州連合（EU）は、これ以外の地域のソーセージにも原産地証明書の発給を特別に認めている。この指定は、フランスのアペラシオン・ドリジーヌ・コントロレ（AOC原産地呼称統制）が特定のワインの「ブランド名」を保護するのと同様に、産品の呼称を保護するために設けられている。最古とされているソーセージは地中海地域で誕生しているので、まずは古代ローマのソーセージの子孫からみていくことにしよう（さらに多くの世界各地のソーセージについては、巻末の付録に記載している）。

「ブドウ、ソーセージ、キュウリ、パン、そして鳥の静物」(17世紀)。イタリアの無名の大家による油彩。

◉イタリア

イタリアが統一されてからまだ1世紀半ほどしか経っていないことを忘れてはならない。イタリア料理の起源はローマ人――ことによるとエトルリア人［イタリア半島の原住民］――だが、その歴史のほとんどの期間、イタリアはたがいに対立しあう都市国家群だった。13世紀末から14世紀はじめに活躍した詩人のダンテは、統一されたイタリア語をつくろうと努力した。7世紀後、公用語が法律で定められたにもかかわらず、地域による言語の違いは依然として残っており、外国料理を嫌うイタリア人らしく、各地のソーセージのバリエーションは各地の方言さながらそれぞれ独特なものになっている。

ソーセージの種類のなかには、イタリアのほぼ全域で見られるものもある。カッチャトーレやカッチャトリーニ（猟師がポケットに入れて携行するのに最適な小型のドライソーセージ）は7つの州［イタリアは全20州］でつくられている。カポコッロ（これは原料となる豚の後頭部から肩にかけての部位名「カポコッロ（またはコッパ）」がそのまま名前になっており、肉はミンチではなく大きなかたまりを使う）や、コテキーノ（食べる前に加熱調理しなければならない生ソーセージ）、ソプレッサータ（粗びきタイプの大型サラミ）は少なくとも4つの州で製造されている。しかしイタリア人の多くは隣町の食べ物を「外国の食べ物」と考えるので、イタリアでは「イタリア料理」という概念は意味をなさない。

サラミはイタリア各地に何百という種類があると思われる。ほとんどが乾燥熟成させた（サラーメ・ディ・サン・ベネデット・ポーは「ソット・ラ・セーネレ〈灰の下〉」で熟成させる）醱酵ソーセージで、常温で10年間保存できる。イタリアの気候――温暖で乾燥していて風通しがよい――は、ドライソーセージの製造にぴったりである。多くは非加熱だが、保存処理されているため、そのまま食べることができる。ただしピエモンテ州のサラーメ・コットはその名前が示すとおり［コットはイタリア語で「調理済みの」の意］、加熱加工されている。ほとんどがニンニク入りで、豚肉を原料とするが、牛肉やガチョウ肉、七面鳥肉、シカ肉、場合によっては馬肉も使われる。サラミは現在、世界中で製造されているが、ヨーロッパでとりわけ盛んで、イタリアではほかのどの地域よりも多くの種類がつくられている。サラミという言葉自体は「塩」を意味するイタリア語で、かつて

伝統的な新年の料理、コテキーノとレンズマメ。イタリア、モデナ。

アオカビ属のカビに白くおおわれたイタリアの熟成サラミ

ブティファラス・ソレデーニャス

イタリア半島でローマ帝国が栄えていたことを考えれば納得だが、ラテン語の「sal（塩）」に由来する。「salami（サラミ）」は「salame（サラーメ）」の複数形だが、「salumi（サルーミ）」はより広範な用語で、食肉加工品全般を指す。「salumeria（サルメリア）」は「salumi（サルーミ）」を製造または販売する店のことをいう。

◉フランス

その昔、古代ローマ軍団が「訪れた」ほかの地域と同様に、フランス（当時のガリア）にはソーセージの根強い伝統がある。とはいえ、その製法がどのような方向に伝播していったか述べるのは必ずしも簡単ではない。たとえばブラッドソーセージのある種類は、さまざまな名前で旧ローマ帝国領全域に見られる。スペインのカタルーニャ語圏ではブティファラ・ネグラ、スペインのほかの地域とアンドラ公国、フランスではモルシーリャ、プロヴァンス（フランス南東部の地方で、ローマ時代の建築物がいくつも残っている）ではソーシソン・ドック、イタリア北部のヴァルデージ渓谷ではムスタルデッラと呼ばれている。

料理法や言語、文化が地域ごとにばらばらなイタリアとは異なり、フランスにはもっとまとまった特徴がある（ただし、オック語の一方言であるプロヴァンス語を話すラングドック地方の住民は除いたほうがいいかもしれない）。ローマ人がやってきたとき、すでに地元住民は現在もフランスでつくられているような多種多様なソーセージを食べていた。14世紀の家政書『パリの家長』には、豚のほぼすべての部位を使ったソーセージやプディングのつくり方が詳細に書かれている。

「美食家」（1784年）。J. F. ゴエズ「Exercises d'imagination de differens caractères et formes humaines, inventés peints et dessinés」のさし絵。

大型のパテが売られているパリのシャルキュトリー（食肉加工品販売店）

ソーシソンは大型のソーセージ、ソーシスは小型のソーセージを指す。「コション（cochon）」はフランス語で「豚」を意味するが、コショナイユ（cochonnaille）はソーシソンやソーシスなど、さまざまなシャルキュトリーの盛り合わせのことで、豚肉好きのためのフランス版アンティパスト（前菜）である。

フランス人は世界中から食材と調理法をとり入れ、新たな料理を生みだしてフランス語の名前をつけたが、そうした料理を名前が示す以上にフランス的なものにした。たとえば、ソーシス・エスパニョール［スペイン風ソーセージ］の唯一スペインらしいところといえば、甘口または辛口パプリカをごく少量加えることぐらいだろう。キャトルエピスや干しブドウを使うことは、ピレネー山脈の南側では昔からほとんどない。

フランスのシャルキュトリー（食肉加工品販売店）

フランス、フォアの市（いち）で売られる、豚肉だけでつくったソーセージ

では、フランス全土でつくられたソーセージはもちろん、フランス以外の国々のソーセージまで売られているようだ。したがってフランスのソーセージについては地域別ではなく、タイプ別に分類しようと思う。ただし、カテゴリーの一部は重複する場合もある。

もっとも基本的なフランスのソーセージは保存処理せず、つくりたての生のまま販売されている。アンドゥイユは牛の胃が入ったソーセージで、カイエット、クレピネット、ガイエットは網脂に包んだ生ソーセージである。甘口のソーシス・ド・トゥールーズ［トゥールーズ風ソーセージ］――カイエンヌペッパー、黒および白コショウ、ナツメグ、砂糖が入っている――はふつう、腸詰めしたあと鎖状にねじらず長いままコイル状にする。そして平たくなるように2本の焼き串を交差させて刺し、グリルで焼く。このフォースミートは、ガランティーヌの詰め物にも利用される。

ソーシソン・キュイは、食べる前に家庭で加熱調理する生ソーセージとは異なり、製造段階で加熱処理されたソーセージ［加熱ソーセージ］をいう。フランス語の「boudin（ブーダン）」はソーセージの総称で、もっとくわしくいうなら、ソーセージの形をしたすべての食べ物を指す。英語の「pudding（プディング）」はこの語から派生している。ブーダンノワールは黒いプディングで、それに対しブーダンブランは、鶏肉、七面鳥肉または子牛肉にクリームを加えて白く仕上げる。ソーシス・オウ・フリ・ド・メールはベルモット［白ワインにニガヨモギなどの香草で味つけした酒］をきかせたホタテ、クルマエビ、白身魚のムースを詰めたソーセージで、シーフード好きのあこがれの的だ。ソーシソン・ア・ラーユ・オウ・ピスターシュは、混ぜこんだニンニク（アーユ）と飾り

ソーシソン・ド・トロー。闘牛用に飼育された雄牛でつくられるプロヴァンス地方のソーセージ。

のピスタチオ（ピスターシュ）からこう呼ばれる。ソーシソン・キュイ・オウ・マデーレは、マデイラワイン［ポルトガル領マデイラ島でつくられる酒精強化ワイン］とキャトルエピスで風味づけし、トリュフとピスタチオを飾りとして混ぜた加熱ソーセージだ。熟成させていないが数日寝かせると香りが醸成される。

乾燥熟成させたサラミタイプのドライソーセージは、ソーシス・セッシュ（ソーシソン・セック）と呼ばれる。セルヴラはもともと脳入りソーセージのことを意味し、のちにニンニクの香りの強い塩漬けポークソーセージを指すようになったが、現在は魚介類でつくる繊細な味わいの燻煙しないソーセージのこともいう。セルヴラ・ド・リヨン［リヨン風セルヴラ］は、トリュフからアミガサタケにいたるまで高価な材料をふんだんに混ぜこんでつくられることもある。セルヴラはドイツのセルヴェラート（ツェルヴェラート）とつながりがあるが、後者はフィレンツェ風ソーセージの直系の子孫といったほうがいいだろう。

スモークド（燻製）ソーセージはソーシス・フュメ、ソーシソン・フュメと呼ばれ、アンドゥイユや冷燻製ソーセージのソーシス・ド・モルトーなどがふくまれる。多くは硬材［カシ、サクラ、カエデ、マホガニーなどの広葉樹材］で燻煙されるが、ソーシス・ド・モルトーはマツやセイヨウネズ（フランス、ジュラ地方の森林でよく見られる木）のような針葉樹のおがくずが使われる。

ブーダンノワールは伝統的な豚のブラックプディングで、必ず完全に加熱処理される。それはこの「フォースミート」が加熱する前は液状であるためで、ケーシングに充填する際はじょうごなどを使って流しこむ。地域によって加える材料はさまざまで、ノルマンディー地方ではリンゴ、ブーダン・ド・パリ［パリ風ブーダン］には加熱したタマネギが混ぜこまれる。

●ドイツ

ドイツ人はソーセージが大好物だ。種類は千を超える。フランス人と同様に、ドイツ人はソーセージを地域別ではなく、（とくに好まれている一部の種類を除いて）基本となる3つのグループに分類している。ドイツのソーセージの名前は地名を冠したものより、原料や製法に言及した説明的なもののほうが多い。

ピーテル・ブリューゲル「太った台所」（16世紀）。冷たくドアから追いだされている音楽家だけがやせている。

　おもなグループとは、生の原料だけを使ってつくる加熱しないで食べるソーセージ（ローヴルスト）、加熱済み原料を一部ふくむソーセージ（コッホヴルスト）、材料をケーシングに詰めたあとに加熱処理［おもに湯煮］するソーセージ（ブリューヴルスト）の3つである。この基本の3種類がさらに細かく分けられる。

　ローヴルストはケーシングに詰めてからすぐに利用するか、または風乾・醱酵させる、あるいは塩漬けする。ローヴルストは大別すると、硬くてスライスできるタイプと、パンに塗ることも可能な脂肪含有量が多くてやわらかいスプレッドタイプに分けられる。なめらかな舌ざわりのメットヴルストは豚肉のみでつくられ、塩漬けしたのち燻煙する。バオエルンヴルスト（農家風

「ブラートヴルストとカラシ入れのある静物」(1720年頃)。油彩、カンヴァス。

ソーセージ）はクナックヴルストとも呼ばれ、牛と豚の粗びき肉にマジョラムとマスタードシード（カラシの種）で味つけしたもの。遅くとも14世紀初期から知られているブラートヴルストは、塩漬けしたあと燻煙するなめらかな食感のソーセージで――少なくともドイツでは――発色剤（亜硝酸塩）は使われていない。やわらかくて濃厚なテーヴルストはベーコン入りで、ブナ材で燻煙する。ブラウンシュヴァイガーは、まちがいなくもっとも有名なドイツのスプレッドタイプのレバーソーセージだろう。またラントイェガーは風乾で熟成させるポケットサイズのソーセージで、昔は猟師が携行していた。このソーセージは木枠に入れてプレスし、平たい長方形にする。通常、２本ひと組（約２２５グラム）で供される。軽食として食べられることが多いが、ゆでてふつうの食事に出されることもある。

コッホヴルストは、加熱済みの原料肉を血液やレバーのような生の内臓肉と混ぜあわせることがよくある。その場合、ケーシングに充填後は必ず冷蔵または冷凍しなければならない。コッホヴルストはさらにブルートヴルスト（ブラックプディング）、コッホシュトライヒヴルスト（肉とレバーのソーセージ）、それに煮こごりソーセージのジュルツヴルスト――ブローンや、サウス（酢やピクルスの入った豚の頭肉や足肉の塩漬け）に似ている――に分けられる。

すべてというわけではないが、ブルートヴルストには燻煙するものもある。ではここで、ブルートヴルストのバリエーションを少しばかり紹介しよう。ボイテルヴルストは、血液につなぎの小麦粉を加え、角切りにしたベーコンの脂身を混ぜたあと、布袋に入れて蒸したもの。グリュッツヴルストは穀類をつなぎに使ったもの（このオーストリア版のマイシェルは、豚腸《とんちょう》に詰めずに網脂で包む）、グーツフライシュヴルストは加熱済みの豚肉の角切りを加えたものでツンゲンヴルストは雄牛の舌の塩水漬けを混ぜこんだものである。チューリンガーロートヴルスト――もっとも有名なブルートヴルスト――の呼称は、ＥＵによって保護されている。

コッホシュトライヒヴルストには、ドイツ中部ヘッセン州の燻製レバーヴルストをはじめ、同様のレバーソーセージが10種ほどふくまれる。ヘッセンのレバーヴルストはアメリカのレバーヴルストとは異なり、加熱した豚ひき肉に生レバーをつなぎとして加え、豚腸に詰めたのち、燻煙機に入れる。コッホシュトライヒヴルストのサブカテゴリーであるコッホメットヴルストには、クナック

第1次世界大戦直前に出された広告。サンフランシスコ（1894年）、トリノ（1911年）、シカゴ（1893年）で獲得した金メダルがあしらわれている。

ヴルストやピンケルツのような加熱処理したソーセージが分類される。クナックヴルスト（アメリカでは「knockwurst ナックヴルスト」）は、ニンニクをきかせた子牛と豚の絹びき肉でつくるスモークドソーセージだ。ピンケルツ（ピンケルヴルスト）はグリュッツヴルストの1種で、ベーコンとスエット［牛や羊の腎臓周りの硬い脂肪］をおもな原料に、オオムギやオートミールの粥をつなぎに加え、ケーシングに詰めたあと燻煙する（塩水や酢を入れた広口瓶に浸して保存することもある）。

ジュルツヴルストは肉をゼラチンで固めた煮こごりソーセージで、たいていローフ状に成形する。それに対しプレスサックなどは、大きめの丸いケーキ型に流しこんで冷やし固める。シュヴァインコプフ・ジュルツヴルスト［豚の頭部肉の煮こごりソーセージ］は、その名のとおりブローンである。ジュルツヴルストのほかのタイプには、ハム（シンケンジュルツェ）や牛の舌（ツンゲンヴルスト）、血液（シュヴァルテンマーゲン・ロート）などを使ったものもある。

ブリューヴルスト（「ゆでソーセージ」）は必ず加熱処理され、日持ちはしないためできるだけ早く食べなければならない（冷蔵または冷凍する場合は除く）。コッホヴルストの一種である場合も多いが（ライン地方では加熱した馬肉を加えることがある）、そうでなければ、ふつうは生の原料をもちいてつくり、ケーシングに詰めたあと加熱する。おそらくもっともよく知られているブリューヴルストはヴァイスヴルストだろう。これは子牛肉とベーコンでつくるソーセージで、一般にカルダモン、ショウガ、レモン、メース、タマネギ、パセリで味つけする。ヴァイスヴルストは沸騰しない程度の湯でゆで、新鮮なうちに食べる（ふつうは、朝につくったものはその日の正午までに食べる）。このソーセージが白色をしているのは、燻煙していないことにくわえ、肉をピンク色にする発色剤がふくまれていないからだ。有名なブリューヴルストにはほかに、ボックヴルスト、ヤークトヴルストなどがある。考案されたのが1899年と比較的新しいボックヴルストは、豚肉と子牛肉にパプリカ、白コショウで調味する。ヤークトヴルスト――猟師風ソーセージ――は、ボローニャのようななめらかな肉生地に大きめにきざんだ豚の脂肪や肉片が混ぜられており、カルダモン、チリ、ニンニク、メース、マスタードシードなどで味つけされる。

ツィゴイナーヴルスト（「ジプシー風ソーセージ」）には、ロマ（ジプシー）の人々がドイツ南東部を放浪するうちに好むようになった味覚を反映して、ニンニクとパプリカがたっぷり入っている（このためパプリカシュペックヴルストとも呼ばれる）。ドイツ人は一般にニンニクを嫌うので、ツィゴイナーヴルストはドイツの伝統的なソーセージのなかでは変わり種である。ドイツ人はこのソーセージの味（と匂い）をジプシーに結びつけるが、それはちょうど、19世紀にイギリス系や北欧系のアメリカ移民がイタリア人やユダヤ人の料理に偏見をもつことで、浅黒い肌の「下層階級」の移民と距離をおこうとしたのと同じだろう。

カリーヴルストは究極の多国籍料理かもしれない。ドイツ式のソーセージは19世紀にアメリカに伝わり、のちにホットドッグとして舞いもどった。伝えられるところによると、第2次世界大戦後のソ連によるベルリン封鎖の期間中、西ベルリンのイギリス占領地域のある進取の気性に富んだ女性が、トマトソースにカレー粉を混ぜて新種のケチャップを考案し、グリルで焼いたホットドッグに塗り、フライドポテトを添えて提供したという。この発明がのちにドイツの定番のストリートフードになり、ベルリンにはカリーヴルスト博物館という専門の博物館まである。

◉イギリス本島（イングランド・ウェールズ・スコットランド）とアイルランド

イタリアの気候と違って、イギリスの冷涼で湿度の高い気候はドライソーセージの製造に理想的とはいえない。そのため、イギリスのソーセージは乾燥熟成させずに加熱処理することが多く、新鮮なうちに利用される。

イギリスの「プディング」は、今日のあらゆるイギリスソーセージの基礎になっている。デザートとして知られる甘いプディングはともかくとして、甘くないプディングにはブラッディング（ブラックプディング）からハギス、質素だが非常に人気の高いバンガー［爆竹の意。ソーセージの愛称］にいたるまでさまざまな種類がある。バンガーと呼ばれるようになったのは第1次世界大戦時のことで、当時ソーセージの原料肉の不足を補うために水が加えられたが、そのため加熱する際にパンと破裂したことに由来する。

ハギスは昔からスコットランドの郷土料理とみなされており、たしかにスコットランドの国民詩人ロバート・バーンズも1786年に書いた詩のなかで、ハギスを「プディング族の偉大な族長よ」と称えている。ただしハギスがイギリス全域で人気があったのはかなり昔であり、スコットランド高地ではその人気が現在も残っているというだけなのかもしれない（かつて年間を通して食べられ

カルル・ヴェルネ「ソーセージ売り」(1816〜36年)、エッチング。

ていた中世の料理ミンスパイ［ドライフルーツからつくる「ミンスミート」を詰めたパイ］が、現在ではクリスマスのときしか出されないのと同じようなものだろう）。事実、ハギスがはじめてスコットランドと結びつけられたのは、ハンナ・グラスの著書『簡単明瞭な料理術 *The Art of Cookery Made Plain and Easy*』（１７４７年）のなかであり、初期の英語のレシピが、ジャーヴェス・マーカムの『イギリスの主婦 *The English Hus-wife*』（１６１５年）とロバート・メイの『熟練した料理人 *The Accomplisht Cook*』（１６６０年）に登場している。ハギスはハギスターとも呼ばれ、さらにハッキンのような甘いタイプもあり、これは牛肉、ドライフルーツ、オートミール、砂糖でつくられている。イギリスのプラムプディング［スエットやドライフルーツ、香辛料などを入れたプディング。おもにクリスマスに食べる］は豚の胃袋ではなく布に包んで蒸す菓子で、ハッキンの直系の子孫である。(1)

サヴィロイは細びきタイプの赤いソーセージで、フランクフルトソーセージに似ている。サヴィロイ（saveloy）という名前は、ルネサンス期イタリアの豚の脳入りソーセージに起源をもつ、フランスとスイスのセルヴラ（cervelat）に由来する（イタリア語で「脳」は「cervello チェルヴェッロ」という）。19世紀には、露天商人が大鍋でサヴィロイをゆでて売っていたが、これは本質的に今日のアメリカのホットドッグ売りと同じである。

ウェールズのファゴットは焼き肉だんごのようなもので、ベーコン、豚ひき肉、臓物でつくった肉だんごを網脂に包んで焼く。ウェールズはグラモーガンソーセージのほうがよく知られ、これはポロネギ、パン粉、チーズが入ったavailableめずらしい菜食主義者向けのソーセージだ――グラモーガンチーズは稀少なので、最近はケアフィリチーズ［ウェールズ産の白いクリーム状のチーズ］が利用される。プディング（ブラック、ホワイトともに）と、小型のブレックファストソーセージ（それにベーコンも）は、アイルランドの典型的なコレステロールたっぷりの朝食に欠かせない。ホワイトプディングには血液を入れず、フォースミートにはオートミールをつなぎに混ぜる（ホワイトプディングはニューファンドランド島やノヴァスコシア州はもちろん、イギリス全域で食べられている）。これをさらにスパイシーにしたホッグプディングは、コーンウォール州とデヴォン州の郷土料理である。

典型的なスコットランドの朝食には、ブラックプディングとローンソーセージ——牛と豚のひき肉にナツメグとコリアンダーで風味づけし、パン粉をつなぎに加えた四角いパティ——がなくてはならない。ローンソーセージは一般に「スクエアソーセージ」と呼ばれ、ケーシングには詰めない。フォースミートをローフ型に入れて冷やし固め、スライスしてフライパンで焼く。

●オランダ

オランダは料理史において興味深い位置を占めている。国土そのものは狭いが、かつてその艦隊は世界中の海を駆けめぐって多くの植民地をつくるとともに、ほかに類を見ない貿易網を築きあげた。このようにオランダのソーセージは遠く離れた熱帯地域の影響を受けており、オランダ料理もまた同様に、熱帯の国々のソーセージの製法に影響をおよぼしている。ソーセージ大国に囲まれているという地理的位置が、オランダ料理を形づくってきた。人気のあるソーセージは牛肉を使ったルンダーウォルストやメットウォルストで、いっぽうフェルスウォルストは、防腐剤や発色剤をふくまない生ソーセージ全般を指す。

17世紀、オランダ人は海を干拓した土地を耕すために、デンマークとドイツから雄牛を輸入した。この家畜の肉に、オランダ領東インドの港から運ばれてきたクローヴ、メース、ナツメグ、コショウなどの香辛料で味つけしたものが、冷燻製アムステルダム・オッセンウォルスト［アムステルダム風ビーフソーセージ］の基礎になったのである。

◉イベリア半島

スペイン人は古代ローマのソーセージからルカニカエを（少なくとも語源として）とり入れ、自分たちの味覚に合うように変えたが、黒コショウとときどきナツメグを加えるというローマ人の製法は守った。このスペインのロンガニーサには、パプリカとローズマリーが入っているタイプもある。ポルトガル人も同様に、新大陸発見後、ローマ人のルカニカエにレッドチリ（赤トウガラシ）を加えてリングイッサに変えた。

ロンガニーサにはワインが加えられ、塩漬けしたのち乾燥・燻煙する。黒っぽい色と重厚な香りが特徴で、そのまま食べることが多い——おそらくオリーブオイルに漬けてタパ（塩味のちょっとした酒のつまみのこと。よくシェリー酒といっしょに——お酒がすすむように——出される）にするのだろう。フライパンやグリルで焼くほか、グラッパ［ブドウのしぼりかすから蒸留したイタリアのブランデー］に似たアルコール度数の高いアグアルディエンテ［スペイン・ポルトガルの粗製ブランデー］で、沸騰させない程度にゆでることもある。スペインのチョリーソには地域によっていろいろな種類がある。細びきタイプと粗びきタイプ、使われるパプリカの種類によってドゥルセ（甘口）タイプとピカンテ（スパイシーな辛口）タイプ、乾燥の程度と脂肪含有量が異なるもの（そのまま食べられるハードタイプに対し、加熱調理が必要なよりソフトで脂肪の多いタイプ［チョリーソフレスコ］）、大きさの異なるもの（たいていは通常の豚腸が使われるが、スペイン北東部パンプローナのチョリーソのように、大型でサラミのようにスライスして食べるものもある）などさまざまだ。

チョリーソのポルトガル版であるショリーソは、ニンニクの風味がさらに際立っている。乾燥させず燻煙をほどこしただけなので、食べる前に加熱調理する。乾燥スペインと同じく、ショリーソにもさまざまな種類があり、それにはブラッドソーセージのショリーソ・ジ・サンギ、ワイン入りのショリーソ・ジ・ヴィーニョ、砕いた骨と軟骨の入ったためずらしいショリーソ・ジ・オッソなどがある。ショリーソ・ジ・オッソは、当然のことながら長く煮る必要がある。バスク地方［ピレネー山脈西端に位置し、フランスとスペイン両国にまたがる地域］でつくられる類似のソーセージはショリーゾ（txorizos）と呼ばれ、いっぽうカタルーニャ地方ではショリーソ（xoriços）として知られている。

◉中央ヨーロッパとバルカン諸国

ギリシアのソーセージについてはすでにいくつか紹介したが、ハンガリーとポーランドのソーセージのすばらしい伝統にはまだ触れていない。コルバース（kolbász）は、ハンガリー語（マジャール語）で「ソーセージ」を意味する。一般的なソーセージの種類には、ゆでソーセージのフルカ、レバーソーセージのマーヤシュ、ブラッドソーセージのヴェレシュなどがある。ハンガリー人が甘口辛口を問わずパプリカが大好きなのはいうまでもないが、オールスパイス、キャラウェイ、カイエンヌペッパー、ニンニク、ナツメグ、黒・白コショウなどもとても好まれている。ハンガリーのソーセージは、こうした香辛料と子牛肉、羊肉、豚肉（またはイノシシ肉）を混ぜあわせてつくられる。好みに応じて加えられる材料には、卵、牛乳またはクリーム、キノコのほか、パン粉やコメのような増量剤がある（たとえば、クリーミーな舌触りのヴェレシュにはコメが入っている。このブラックソーセージは最初に沸騰しない程度の湯でゆでてからフライパンで焼き、皮をパリッとさせて食べる）。

ポーランドやウクライナなどスラヴ地域のキェウバサは、ソーセージを意味するポーランド語「キェウバサ（kielbasa）」からその名がついた。キェウバサは地域によって発音がさまざまに異なる。このソーセージは燻製にすることが多く、牛肉（または子牛肉、場合によってはバイソン肉）、馬肉、子羊肉、七面鳥肉、それにもちろん豚肉などあらゆる肉で製造される。ポーランドのカバノッシーは細長いドライソーセージで、コショウだけで味つけし（ニンニクは入れない）、ジャガイモで飼育された若い雄豚の肉が使われる。そうした豚にはカバン種などがある。

スラヴ語で文字どおり「腸」という意味のキシュカは、オオムギやソバなどの穀類がたっぷりと入ったソーセージだ。こうしたソーセージは遅くともアピキウスの時代からつくられており、アピキウスの「白いソーセージ」には、ラヴィッジで風味づけした卵、エンマーコムギ、ポロネギに、松の実とコショウの実を混ぜこんだものが詰められる。キシュカは東欧とロシアの全域で人気がある。キシュカのポーランド版には牛の血液と殻をとったソバが入っているため、燻製ソーセージのような黒っぽい色をしている。このソーセージは現在、東欧系ユダヤ人が広めたことで、アメリカ都市部ではかなりよく知られた定番の惣菜になっている。ユダヤ人のキシュカには当然、血液も豚肉も入っていない。代わりにシュマルツ（精製した鶏肉の脂肪）または牛脂をマツァミール［粉状にしたマツァ（パン種を入れないパン）］と混ぜあわせて、牛の腸に詰める。

セヴァプチチ（セヴァプスまたはチェヴァプチチ）は、遅くともオスマン帝国時代からアルバニア、ボスニアヘルツェゴヴィナ、クロアチア、マケドニア、セルビアでつくられている。このソーセージは一部のアラブのソーセージのように腸詰めされていない。セヴァプチチの原型にはもちろん豚肉は使われていなかったが、現在食べられているものは、ニンニク、タマネギとともに、牛肉や子羊肉、羊肉、豚肉などが使われている。

かつて東ローマ（ビザンツ）帝国に属していたブルガリアのソーセージ、ルカンカは、語源である古代ローマのルカニカよりフランスのソーシスに似ている。硬いセミドライ（半乾燥）ソーセージで、アオカビ属のカビで白くおおわれており、ソーシスとは違って牛肉と豚肉にクミンで調味する。ルカンカはサラミのように牛のランナー（小腸）に詰めるが、乾燥させる際に平たく押しつぶす。地域によってさまざまな種類があり、そのうちのいくつか（カルロヴォ、パナギュリシテ、スミャドヴォ産のもの）は特許によって保護されている。スンジェレーテと呼ばれるルーマニアのブラッドソーセージは、バジルとコショウで味つけされる。トランシルヴァニア――ドラキュラ公の故郷――は現在ルーマニアの一部なので、ブラッドソーセージにもニンニクが混ぜこまれる。

第4章◉ほかの国々のソーセージ

◉ロシア

ヨーロッパから東へ移動すると、まず旧ソ連のソーセージと出くわす。ロシアはおびただしい数のソーセージを製造しており、その多くは――驚くほどのことではないが――東欧のソーセージの伝統にもとづくものである。たしかにソ連時代、チェコスロバキアやエストニア、ハンガリー、リトアニア、ポーランド、ウクライナのような国々は、西欧人が「ロシア」と呼ぶものの一部だった。こうしたソ連の旧衛星国の代表的なソーセージは、現在の小さくなったロシアでもよく売れており、ソーセージ専門店はカルバーシと呼ばれている。一見すると、ロシア人がホットドッグのような「アメリカ的」なものを好むのは奇妙に思えるかもしれないが、フランクフルトソーセージとそれに似たソーセージは世界中で人気のストリートフードなので、やはりロシア人も同じなのだろう。

正式には、ロシアには2種類の腸詰め――ドライソーセージとセミドライソーセージ――しかなく、それぞれが品質によってさらに、特選、第1級、第2級（羊肉はおもに第1級と2級のソーセージに使われる）に分類される。階級のない社会を建前にしている国で、食べ物に「階級（クラス）」を設けることが皮肉に思えたのだろうか。実際には、次の4つのカテゴリーに分類される――加熱ソーセージ、軽く燻煙したソーセージ、燻製ソーセージ、「その他」（ブラッドソーセージ、レバーソーセージ、ブローンなど残りのものすべて）。

5つ目のカテゴリーがあったとすれば該当したであろう「ソヴィエト風ソーセージ」は、ソ連崩壊前の時代への郷愁を表す言葉として使われるほうが多い。皮肉なことに、当時製造されていたソーセージには、リグニン［木質素。製紙の際に出る、セルロースを利用したあとの不要な副産物］のような食べられない物質がしばしば混ぜられていた。ロシア人の多くが西側の「腐敗した」食べ物のほうを好んだのは、それがじつは「まともな」食べ物だったからなのである。

●アメリカと新大陸

世界平和――あるいは少なくともデタント（緊張緩和）――のために、今度はロシアからアメリカに目を移そう。新大陸の人口はすべて移民で構成されている（大昔のこととはいえ、アジアから移住してきた「先住民」もふくめて）。移住はきまって文化と料理に変化をもたらすとともに、多くの場合、選りすぐりのソーセージももたらす。

植民地時代以前のソーセージについてはほとんどわかっていないが、ほかの国々でくず肉をソーセージに活用する方法が知られていたことを考えると、アメリカ先住民がそれを知らなかったとは考えにくい。すでに保存方法として肉を乾燥・燻煙する伝統があったため、おそらくソーセージの製法が発達しなかったのだろう。

独立後はアメリカ先住民（南西部のアパッチ族やナヴァホ族など）もブラッドソーセージをつくるようになり、現在はカナワク居留地のモホーク族（もともとはニューヨーク州北部とカナダのケベック州南部に定住していたが、現在はモントリオール近くのカナワク居留地に住むのみ）が変わらずつくりつづけている。16世紀にフランス人とスペイン人が豚を新大陸にもたらしたが、アメリカ先住民がはじめて見たソーセージはこの初期のフランス人とスペイン人がそれぞれもちこんだブラッドソーセージ（ブーダンノワールとモルシーリャ）だったのかもしれない。

チェロキー族の族長オコナストタ（「ウッドチャック［マーモット。アメリカ・カナダ北東部産のリス科の動物］のソーセージ」の意）はイギリスを2度訪れており、1762年には国王ジョージ3世に謁見している。オコナストタが実際に、脂肪の多いげっ歯類［ネズミ、リス、ビーバーなど］でつくったソーセージにちなんで名づけられたのか、それとも「ウッドチャック」とはソーセージの総称だったのかはよくわかってない。ここでは、よりたしかな根拠のある新大陸へのヨーロッパ移民について述べたいと思う。

ファン・コートランド一家は1639年、ニューヨーク州のハドソン渓谷《バレー》に到着し、祖国オランダから『楽しい田舎暮らし *The Pleasurable Country Life*』（１６８３年版）を１冊とり寄せた。１６６７年に初版が刊行されたこの事実上の生活百科事典には、当時もっとも人気のあったオランダ語の料理書『賢明な料理人 *The Sensible Cook*』がふくまれていた。これは新大陸にもたらされた最初の料理書で、ソーセージのレシピがふたつ載っていた。

豚のソーセージのつくり方

細かくきざんだ肉３ポンド（約１３５０グラム）、ナツメグ２個、粗びきコショウ、塩ひとつかみを用意する。これをよく練り混ぜ、少し余裕をもたせて腸に詰める。吊して燻煙するなら、厚めの腸を用意し、塩水に２〜３日漬ける。半量を羊肉にしてもよい。

牛肉ソーセージのつくり方

同じ要領で牛肉ソーセージもつくれるが、乾燥セージ（細かくしたすりつぶしたもの）を少し加える。ただし吊して燻煙する場合は加えず、コショウで味つけし、非常に厚い腸に詰めたのち、灰色の紙でおおい、煙突のわきに吊す。(1)

この料理書にはさらに、ラードまたは牛のスエットでコクを出した穀物入りプディングのレシピがふたつ、クローヴ、メース、ナツメグ、コショウで調味した豚レバーソーセージのレシピがひとつ収められている。セージだけはニューアムステルダム［1625年にオランダ人がマンハッタン島に建設した植民都市］で栽培できたが、ほかの香辛料はすべてオランダの東インド会社を通じて輸入された。

アメリカで出版された最初の英語の料理書はハンナ・グラスの『簡単明瞭な料理術』（1747年）の再販で、この本の第12章は「豚のプディング、ソーセージ、その他」となっていた。最初の3つのレシピは「豚のプディング」で、アーモンド、甘口のスパイス、バラ水［バラの花の蒸留液］またはネロリ水［ネロリの花の蒸留液］で味をつける。つづいてブラッドプディング（ブラッドソーセージ）が登場し、変わり種としてスコットランド版ブラッドプディングが紹介されている。後者はガチョウの血液でつくられ、ガチョウの首の皮に詰めたあと、ガチョウの臓物を加えたパイに入れて焼く。次にグラスは、今日のブレックファストソーセージとは別物の、セージ風味ソーセージを2種あげている（ひとつはきざんだレモンの皮が入ったもので、試しにつくってみる価値がありそうだ）。そして最後は「ボローニャソーセージ」のレシピで締めくくられる。これは、詳細不明の「甘口のハーブ」を別にすれば、今日デリカテッセン（惣菜屋）で目にするものと非常によく似ている。

この新しい国で書かれた最初の料理書は、表紙で「アメリカ人の孤児」と自称している以外素性のわからないアミーリア・シモンズによるものだった。シモンズの『アメリカ料理 *American Cookery*』は1796年、「この国と、社会のあらゆる階層に適した料理」という言葉で終わる長い副題がつけられて出版された。この本にはソーセージのレシピがまったくふくまれていない。「プディング」に多くのページが割かれているが、これらはみなデザートである。ソーセージのレシピを収めた最初のアメリカの料理書は、メアリー・ランドルフの『ヴァージニアの主婦、あるいは几帳面な料理人 *The Virginia Housewife; or, Methodical Cook*』（1824年）で、掲載されているといってもわずか3つだ。ひとつはセージ入りで（グラスのものとよく似ている）、こんなアドバイスが添えられている。「ソーセージは平たくまとめて焼くと最高だが、皮に詰めた状態ではあまり長持ちしない」。ほかに、ブラックプディングやボローニャソーセージも紹介されている。アメリカ人は初期の頃からボローニャソーセージ（のちにはホットドッグ）のなめらかな食感を好んでいたようだ。

リディア・マリア・チャイルドの『アメリカのつましい主婦――節約を恥じない人々のための本 *The American Frugal Housewife: Dedicated to Those Who Are Not Ashamed of Economy*』（1829年）は、ソーセージに関してはとりわけ「つましく」、次の一文だけである。「ソーセージの味つけは、肉1ポンド（約450グラム）に、粉末セージ小さじ3、塩小さじ1・5、コショウ小さじ1を入れるとよい」。チャイルドは肉の塩漬けと塩水漬けにより多くのページを割いており、これらは数十年後に冷蔵技術が登場するまで、アメリカでは肉を保存するための主要な方法だった。

アメリカ料理におけるソーセージの地位を理解するには、初期のイギリスやオランダからの入植者ではなく、もっとあとの移民に目を向けなければならない。こうした移民はアメリカを人種や文化の「るつぼ」にしただけでなく、「おいしい料理が煮える鍋」にもした。アカディア人［旧フラ

ソーセージをグリルで焼く。アメリカ、アーカンソー州。

ンス領アカディア（カナダ、ノヴァスコシア州の旧称）のフランス系住民」はノヴァスコシア州からルイジアナ州に移住し、「ケージャン人」と呼ばれるようになった。ケージャン人のブーダンはフランスのブーダンが起源なのかもしれないが、かなりの変化を遂げている。フランス版は牛乳を入れることが多いが、ルイジアナのブーダンはコメを入れる。コメが入ることで粗い舌触りにはなるが、香辛料、とくにカイエンヌペッパーが気前よく使えるようになる。

「ペンシルベニアダッチ」はオランダ人（ダッチ）ではなく、ドイツのプファルツ地方からの移民で、その料理は祖国の伝統の影響を色濃く受けている。とくにあるソーセージに似た食べ物からは、祖国とのつながりだけでなく、どのようにして既存のレシピが新しい気候風土と食材に適応していったが見てとれる。ドイツのザウマーゲンは豚の胃袋に詰めたソーセージで、アメリカではホッグマル（豚の胃袋）またはザイマーグと呼ばれ、ドイツのようにゆでずに、たいていはオーブンで焼く。ペンシルベニアダッチはこれをグフィルテ・ザイマヴェと呼ぶが、ドイツ系アメリカ人以外はダッチグース（オランダのガチョウ）と呼ぶこともある。この少し外国人への偏見が感じられる言葉は、ウェルシュラビット（ウェールズのウサギ）［溶かしたチーズにビールや牛乳、香辛料を混ぜ、トーストにかけたもの］やスコッチウッドコック（スコットランドのヤマシギ）［アンチョビのペーストを塗り、スクランブルエッグをのせたトースト］などと類似のものだろう。というのもこうした呼称は、オランダ人やウェールズ人、スコットランド人といった「外国人」が、けちすぎるか貧しすぎるかで「本物」のガチョウやウサギ、ヤマシギを料理に使えないのだろうと皮肉っているからだ。フレンチグース（フランスのガチョウ）にも同様にガチョウ肉は入っていない（正確には、ソーセージ、ジャガイモ、野菜が入った鍋料理）。

レバノンボローニャは中東ともモルタデッラとも無関係で、ペンシルベニアダッチカントリーと呼ばれるペンシルベニア州東部のレバノン郡にちなんで名づけられたソーセージだ。この「甘口ボローニャ」は、実際には牛肉、砂糖、甘口のスパイス——シナモン、クローヴ、ナツメグ——でつくられた、大型で粗びきタイプのサラミに似たサマーソーセージ［常温で保存できるセミドライソーセージ］である。ペンシルベニアダッチ・ロープソーセージは、鎖状にねじっていない長い生ソーセージで、コイル状に巻いたロープにしか見えない。

アメリカのクリーヴランドからシカゴまでの五大湖地方では、粗びきタイプのサマーソーセージはプラスキ（またはプラスキー）として知られる。プラスキは、19世紀後半から20世紀初頭にかけてこの地域に定住した中央ヨーロッパからの移民がつくるソーセージに典型的なソフトタイプのサラミである。こうした移民は、湖と鉄道を経由した集中輸送により好景気にわく食肉加工工場と製鋼所で働くためにやってきたが、祖国で慣れ親しんだソーセージの味ももたらした。

現代のアメリカ人は血液を原料にしたものは何でも気持ち悪がるが、ずっとそうだったわけではない。このような「民族的」な味がいまなお生き残っているコミュニティもある（ケージャン人のルイジアナ州のほかに）。筆者はマンハッタンのアッパーイーストサイドでハンガリー風ブラッドソーセージを食べたことがある。五大湖周辺では移民の子孫がブラッドソーセージの伝統を守りつづけており、さらにサンフランシスコでは、イタリア系アメリカ人がビロルド（松の実と干しブドウを混ぜこんだブラックプディング）をつくっている。

アメリカのソーセージはヨーロッパの伝統を受け継いでいるが、アメリカ風に変化を遂げている。たとえばアメリカのボックヴルストはドイツのヴァイスヴルストに近いし、ブラートヴルスト――テールゲートパーティー［車の後尾扉を開いて行なうパーティー］や裏庭でするバーベキューの人気者――は発色剤が使われ（ドイツのブラートヴルストには入っていない）、ドイツでは見られない赤みがかった色をしている。またテキサスホットガッツは、１８３０年代からテキサス州に定住したドイツおよびチェコスロバキア移民がもたらしたソーセージを、さらにスパイシーにしたものである。

ミシガン州北部では、豚肉にシナモンとクローヴを混ぜた甘口のイタリア風生ソーセージが有名で、クディギ（cudighi）と呼ばれている。だがこの言葉はイタリア語ではない。コテキーノ（cotechino）がなまったものかもしれないが、関係はとうの昔に忘れ去られている。アメリカでピザのトッピングとして一番人気のペパロニも、やはりイタリアのものではない。これはカラブリア（ソップレッサータ）とナポリ（サルシッチャ・ナポレターナ・ピカンテ）のスパイシーなサラミとつながりのある、正真正銘のアメリカの発明品だ。

ボローニャ（「バローニ」）は、乳化させたきめの細かな肉生地といい色といい、その祖先のモルタデッラに似ている（アメリカのホットドッグに使われるのと基本的に同じフォースミート）。この子供でも食べやすいコールドカット［冷たいままスライスして食べるハムやソーセージ、ローストビーフなどの調理済み肉］は、ペンシルベニア州のピッツバーグ周辺では「ジャンボ」と呼ばれている。モルタデッラには角切りにした脂肪が混ぜこまれるが、アメリカのデリカテッセンでは、スタッフドオリーブを混ぜこんだ「オリーブローフ」の四角い厚切りボローニャが売られている。

薄くスライスしてサンドイッチにはさんで食べることの多いサラミは、さまざまな民族を通じてアメリカ文化に入ってきた。フランスやイタリアで見られるような伝統的なサラミ――アオカビ属のカビで白くおおわれたタイプ――は、サンフランシスコで最初につくられた。イタリア系アメリカ人のソーセージ製造業者がアメリカ農務省に長いことかけあって、ゆっくり風乾・熟成させるソーセージを、ヨーロッパの有名なサラミ生産地の気候とよく似た気候のサンフランシスコで製造する

創業100年の肉屋のブラートヴルストづくり（1960年頃）

許可をもらったのだ。デリカテッセンでさらに多く見られるのが、ハードタイプのサラミとサラーメ・ジェノヴェーゼ［ジェノヴァ風サラミ］で、人工ケーシングに詰めたものが薄切りにして売られている。牛肉を原料に（現在は）セルロースのケーシングに詰められたコーシャ認定サラミは、ニューヨーク市のロワーイーストサイドで最初に製造された。ニューヨーク最後の偉大なデリカテッセン、カッツではいまも、第２次世界大戦中に考えだしたこんなキャッチフレーズを使っている。「サラミを戦地の息子に送ろう」

　ポルトガル移民はアメリカで、とくにニューイングランド地方［アメリカ北東部のコネチカット、マサチューセッツ、ロードアイランド、ヴァーモント、ニューハンプシャー、メインの6州をふくむ地方］の沿岸の町に定住した。ロードアイランド州の住民は、ショリーソやリングイッサをサンドイッチにはさんだりピザにのせたりして大量に消費している（この州はアメリカのなかでも、ペパロニがピザのトッピングとして好まれない数少ない地域)。ハワイにもまた、ポルトガル移民のコミュニティがある。ハワイ版リングイッサはたんに「ポーチュギーズソーセージ(ポルトガル風ソーセージ)」と呼ばれ、オリジナルのリングイッサよりやわらかく、ポルトガル人(あるいはローマ人)が夢にも思わなかったであろう南国風の甘い味になったが、南太平洋の島々ではごく当たり前に思われているようだ。

カナダ版ブレックファストソーセージは、フランス系イギリス人の伝統的なソーセージに似ているのだろうと思われるかもしれないが、じつはそうではない。リンキーズはホットドッグに似た小型のソーセージで、ウィンナーソーセージより大きいが、同じようにピンク色をしている。カナダ人はさまざまなイギリス式ソーセージを製造しているが、朝食用ソーセージはつくっていない。カナダでは、ほかの旧大陸のソーセージもとり入れられており(猟鳥獣肉やメープルシロップのようなカナダ特産の食材を混ぜるなどして手が加えられている場合もある)、たとえばカナダ版キェウバサは、クバサまたはキュビー(バンズ[小型の丸いパン]にはさんでホットドッグとして食べる場合)と呼ばれている。

ブーダンノワールはフランス系入植者によって西インド諸島のアンティル諸島にもたらされたが、ここでもルイジアナ州と同様に、フランス人の繊細な味わいのソーセージは現地の嗜好や食材に合わせて形を変えた(ブーダン・アンティエ[アンティル風ブーダン]には、アンティル諸島原産のオールスパイスと激辛のスコッチボンネットチリが混ぜこまれている)。スコッチボンネットはまた、トリニダードトバゴのブラックソーセージにも使われる。

ラテンアメリカの人々——現在もなお16世紀のコンキスタドール［メキシコ・ペルーを征服したスペイン人］の言語を話している人々——は、旧大陸から多くのソーセージの種類と名前をとり入れ、現地の気候風土に合わせて変化させてきた。新大陸に伝わったソーセージは、当然のなりゆきとして多くの異なるソーセージに姿を変えたが、その古代ローマ時代の祖先と語源的につながっていることが多い。アルゼンチンとウルグアイのロンガニーサは醱酵させてから乾燥させるが、これにより酸味を帯びた甘味が加わり、それをアニシード［アニスの実］がさらに強めている。メキシコのロンガニーサはチョリーソと同様（だが祖先であるスペインのチョリーソとは異なり）、チリがきかせてあって辛味が強い。プエルトリコのロンガニーサはメキシコのものと同じくらい赤い色をしているが、この色はベニノキ（アナットー。学名 *Bixa orellana*）の種子からとる食用色素によるものだ。キューバ、ドミニカ共和国、プエルトリコのロンガニーサは、長いまま豚腸に詰め、風乾する。ほとんどのロンガニーサは豚肉でつくられるが、プエルトリコは鶏肉や七面鳥肉のような家禽肉を加える——または代わりに使う——こともある。

スペインやポルトガルの燻製パプリカは、南北アメリカ大陸のチョリーソにはもちいられない。代わりに辛いレッドチリ——燻製にしていないもの——が、ラテンアメリカのほとんどのチョリーソの味つけに使われる。興味深いのは、スペイン語を話す国々が本国スペインに近ければ近いほど、味の好みもますますスペインに似てくることである。キューバ、ドミニカ共和国、プエルトリコのチョリーソは、それよりさらに南や西にある地域よりも辛さが控えめで、より強めに燻煙される。

メキシコのチョリーソは一般に豚肉でつくられるが、牛肉やシカ肉を入れることもある。チョリーソは醱酵させて、乳酸によるほのかな酸味を製品に与える（ただし、スペインのチョリーソに使われる白ワインの代わりに、酢を少し加える場合もある）。乾燥させる場合もあるが、たいていはスペインのチョリーソフレスコのように生ソーセージとして利用される。豚腸《とんちょう》に詰めることもあるが、工場生産のチョリーソは人工ケーシングに詰められるか、もしくは、中身をくずして料理の材料にするのが一般的なため、中身だけで売られていることが多い。チョリーソ・ディ・ボリタは豚腸に詰めるが、しばって短い球形の鎖状にする（ボリタは「小球」または「弾丸」の意）。メキシコのチョリーソは大半が赤い色をしている。チリにふくまれるカロチノイド色素は脂溶性なので、これが溶けこんだ脂肪は濃い赤橙色になるからだ。

スペイン、ポルトガルのエンブティードスと、カタルーニャ地方のエンボティーツ——どちらもソーセージの総称——も同様に、ラテンアメリカの料理に入りこんでいる。エンブティードスは一般に、地域によってさまざまに異なるハーブやスパイスで味つけするが、チリ、クローヴ、ニンニク、ショウガ、ナツメグ、パプリカ、ローズマリーやタイムがよく使われる。

メキシコのチョリーソは生のまま利用され、ケーシングに詰められていないことが多い。スペインのチョリーソよりスパイシーで、はっきりとした酸味——乳酸醱酵もしくは添加した酢によるもの——がある。メキシコ中南部のトルカには、コリアンダーとトマティロ［オオブドウホオズキ］（ま

緑色のチョリーソ。メキシコ、トルカ。

たはホウレンソウと松の実）が入っためずらしいトルカ風エンブティードスがあり、チョリーソヴェルデと呼ばれている。チョリーソ・ヴェルデ・ディ・トルカ（トルカの緑色のチョリーソ）は、コリアンダー、煎ったハラペーニョ［メキシコの青トウガラシ］のほか、フダンソウ、ホウレンソウ、パセリ、トマティロなどの野菜やハーブを混ぜこんでつくる。メキシコでは、2種類のチョリーソヴェルデが売られている。ひとつは緑色の食品着色料でぎょっとするほど色鮮やかに染めたもの、もうひとつは前述の野菜の色素だけのもっとくすんだ色合いのものである。トルカではシャルキュトリー（食肉加工品）が広く浸透しているので、住民は「チョリーソ」という言葉をほぼあらゆるもの（道具、岩、人など何でも）の愛称にもちいる。さまざまな色のチョリーソにくわえ、トルカではロン

コロンビアの露店で売られるブティファラ

ガニーサやオビスポス（地元のブラッドソーセージ）も製造されている。

中央アメリカの地峡地帯をさらに南下すると、エルサルバドルのチョリーソ・サルバドレーノがある。これは、牛肉、豚の脂肪、ベーコンに、黒コショウ、クミン、ニンニク、タマネギ、オレガノ、タイム、酢で味つけしたものだ。パプリカはいっさい加えず、チリが少しだけ入っている。ベニノキ（アナットー）の種子の粉末で赤っぽい色に着色されており、つねに生ソーセージとして利用される。エクアドルのチョリーソはエルサルバドルのチョリーソと同じく、ベニノキで真っ赤に着色しているが、シナモンで風味づけされ、コショウの実が粒のまま混ぜこまれている。

「チョリーソ」はアルゼンチン（ここのチョリーソは辛味がおだやかで、原料にはたいてい牛肉がもちいられる）、コロンビア、ウルグアイでは粗びきタイプのソーセージの総称だ。これらの国々では、チョリーソ・エスパニョール［スペイン風チョリーソ］という言葉はとくに本国スペインに見られるようなソーセージに対してもちいられる。

ブラジルのショリーソは、ポルトガルのショリーソにもスペインやラテンアメリカのチョリーソにも似ていない。それよりむしろ、スペインのモルシーリャに近いブラッドソーセージを指している。ブラジル近隣諸国がチョリーソと呼ぶものは、ブラジルではリングイッサと呼ばれている。

●アフリカ、中東、オーストラリアとニュージーランドほか

アフリカにはほかの多くの地域にくらべてソーセージの伝統があまりないが、それはひょっとしたら気候のせいかもしれない。それでもいくつかの国——とくに、腸詰め好きな文化をもつ国に大々的に植民地化された地域など——には、独自のソーセージが生まれている。

メルゲーズは北アフリカ全域で（くわえて、アルジェリア、モロッコ、チュニジアからの移民のおかげでフランスでも）よく見られる。ソーシス・メルゲーズ・ダニューは子羊肉、ソーシス・メルゲーズ・ド・ブフは牛肉、ソーシス・メルゲーズ・ダニュー・エ・ブフはいうまでもなくその両方の肉でつくられる。エジプトのソーセージ、モンバル・マシュイは、牛肉、子羊肉、コメに、カルダモン、マスティック（コショウボク［学名 *Pistacia lentiscus*］から採れる、ヒマラヤスギに似た香りがする芳香ゴム樹脂）で風味づけしたものだ。

粗びきタイプのブーレヴォルス（boerewors）は南アフリカ共和国の伝統的なポークソーセージで、主原料の豚肉のほか、牛脂、羊肉、子牛肉を混ぜることもあり、クローヴ、コリアンダー、ナツメグ、コショウで味つけする。「wors」はアフリカーンス語［南アフリカ共和国の公用語のひとつ。オランダ語から発達した言語］で「ソーセージ」、「boer」は「農家」を意味し、この地域に最初に入植したオランダ人に由来する。これはオランダのフェルスウォルストの南アフリカ版で、鎖状にねじらず長いままコイル状に巻いてある。ブーレヴォルスにはほかに、ガーリックヴォルス、カミールドリング、カルーヴォルス、スペックヴォルスなどの種類がある。ドゥローヴォルスはオランダのメットウォルストのアフリカーナー［アフカーンス語を話す南アフリカ共和国のオランダ系白人］版で、細びきタイプのソーセージだ。人気の高いレッドプディング［ベーコン、牛肉、豚肉、コムギでつくった赤色の揚げソーセージ］にイギリスの影響が見られるが、奇妙なことに南アフリカでは、このスコットランドのソーセージは俗に「ロシア人」と呼ばれている。

イスラム教徒とユダヤ教徒の食事規定があるため、中東に豚肉（や血液）を使ったソーセージはまずないが、子羊肉や牛肉でできたメルゲーズやマカネクは人気がある（レバノンではザクロシロップをかけて照りを出すこともある）。ソーセージのなかには、イスラム教徒のシャリーア［イスラム法］とユダヤ教徒のカシュルート［ユダヤ教の食事戒律］に従って、家禽（鶏肉やガチョウ肉）でつくられるものもある。たとえばイランには、鶏肉のサラミやボローニャソーセージ、あるいは牛肉の「モルトデッラ mortodella」があり、あるメーカーは、牛肉、子牛肉、鶏肉、七面鳥肉、ダチョウ肉などのさまざまなソーセージを販売している。ハードタイプのドライソーセージ、スジュクは、中東や中央アジアのイスラム圏では牛肉、バルカン半島のキリスト教諸国では豚肉、カザフスタンやキルギスタンでは馬肉でつくられる。各地域で使われる香辛料には、クミン、ニンニク、辛口のチリ、酸味のあるスーマック［ウルシ科の灌木の果実を乾燥させたもの］などがある。スジュクのソーセージミートは、ギリシアのギロス（肉生地を長い串に刺し、直火で焼きながら、焼けた部分からそぎ落とす肉料理）のスパイシーなトルコ版、シャワルマに使われることもある。カザフスタンのカズィは、塩漬けした馬肉とニンニクを腸詰めした燻製ドライソーセージである。

レバノンのマカネク（マカニク）は、ソーセージメーカー（と消費者）の宗教によってふたつの異なるタイプが売られている。イスラム教徒向けは、牛肉と子羊肉を細い羊腸《ようちょう》に詰めたもので、いっぽうキリスト教徒向けは、豚肉、コニャック、白ワインでつくられる。どちらもクローヴ、コリアンダー、クミン、ナツメグ、コショウ、酢で濃いめに味つけされており、炒った松の実も混ぜこまれ、さらに脂肪もたっぷりと――最大で重量の50パーセントも――入って、ジューシーだ。

インドでは（イスラム教徒の）豚肉の制限にくわえ、ヒンドゥー教徒には牛肉が禁止されているので、鶏肉や羊肉、七面鳥肉のソーセージが人気である。あるブランドが販売している「ミスター・シンのバングラズ」はイギリスの「バンガーズ（ソーセージ）」をもじったものだが、味は中東風で、アンズやデーツ（ナツメヤシの実）のようなドライフルーツのほか、カルダモン、クローヴ、ショウガ、オレンジの皮などの甘味や酸味のあるスパイスが入っている。ジャイナ教徒と多くの仏教徒

（とくに大乗仏教の教えを信じる人々）は菜食主義者だが、仏教にはソーセージを表す言葉――マーンサヴァティカヴィシェーシャ――がある。

菜食を続けることがむずかしいチベットでは（野菜がほとんど育たないため）、仏教徒は何らかの肉や乳製品も摂取する。実際、羊やヤクの血液に炒ったオオムギの粗びき粉を混ぜ、エマで風味づけしたギュルマソーセージ（エマは四川山椒［学名 *Zanthoxylum piperitum*］を指すチベット語。血液が入っていないものはギュカーと呼ばれる）、犬肉のゆでソーセージ、羊肉と羊脂のソーセージ、レバーソーセージ、羊の肺の揚げソーセージ、小麦粉（または粗びき粉）と油を使ったほとんど菜食主義者向けのソーセージなどがつくられている。

「スナッグ」は「イギリス式ソーセージ」のオーストラリア版である（オーストラリア人はおもしろい俗語を思いつく名人だ）［スナッグ（snag）には突起物、出っ歯、不美人などの意味がある］。ドイツ移民がオーストラリア南部に定住したことから、この地域ではメットヴルストがいまも人気だ――本国ドイツから輸入するのではなく、数多くあるオーストラリアのメーカーが製造している。モルタデッラに似たランチョンミート［冷たいままスライスして食べるソーセージ風の加工肉］、「ジャーマン（ドイツ風）ソーセージ」はそもそもドイツとは無関係なのだが、第1次世界大戦中に強い愛国心からイギリス風の名前（「デヴォン」）に変更されて以来、その名前で販売されている。不思議なことに「ヴィールジャーマン」と呼ばれるソーセージは、デヴォンとの違いは赤ワインの風味だけであるにもかかわらず、名前を変更されたためしがない。サヴィロイもやはり脱ドイツ化を経験している――第1次大戦前にはフランクフルトソーセージとして知られていたのである。ニュージーランド人はサヴィロイを、それ自体がウィンナーソーセージくらいの大きさに縮められていないかぎり「サヴズ」と縮めて呼ぶ。縮められている場合は、チェリオスと呼ばれる。カバノッシー(cabanossi)――イタリアのソーセージのようだが――は、ポーランドのキェウバサを細い羊腸に詰め、軽く燻煙したものに近い。ポーランドのカバノッシー(kabanosy)ほどしっかり乾燥させてもいなければ、強く燻煙されてもいない。

●アジア

中国人は紀元前600年頃からソーセージをつくっていた。彼らは紀元前4000年頃に野生の豚を家畜化した最初の民族であるにもかかわらず、当初はヤギ肉や子羊肉を使っていた。豚肉は中国でももっとも愛されている食べ物のひとつなので(イギリスの随筆家チャールズ・ラムのとてもおもしろいエッセイに『焼豚談義』〔山内義雄訳『エリア随筆抄』角川書店に収録〕というのがあり、それによると、ローストポークは中国の農民が偶然に発見したらしい)、豚肉がソーセージの原料にまっさきに選ばれなかったのは意外である。

臘腸《ラッチャン》(クンチャン、ユエンチャン)――一般にニンニクとコショウで味つけした甘味のあるドライソーセージ――には、中国の代表的な材料(ショウガ、紹興酒、醤油)が入っている。これらのソーセージは燻煙せず、料理の素材としてのみ利用される。猪血糕《ミシュエガオ》と血腸《シュエチャン》はブラッドソーセー

シンガポール、チャンギー空港の売店に並ぶ中国ソーセージ

ジで、白肉血腸《バイロウシユエチヤン》は豚肉入りのブラッドソーセージ、そして膶腸《レンチヤン》はアヒルのレバーソーセージだ。

中国のソーセージは地域によって非常に多くのバリエーションがある。四川省のものは辛味が強く、チリパウダーで赤い色をしている（さらに四川山椒の実も入っていて、舌がしびれるような感覚を与える）。台湾のシャンチャン（「香腸〈よい香りのするソーセージ〉」）は臘腸《ラツチヤン》よりさらに甘味が強い。満州の紅腸《ホンチヤン》――キェウバサに似た燻製ソーセージ――は、19世紀末にロシアが満州北部に東清鉄道を建設したのを機に中国に移住してきたロシア人によって、リトアニアの腸詰めをもとに製造され、売りだされたのが最初である。

脾臓《ひぞう》やレバーなどの内臓肉でつくるソーセージは、東南アジア全域でよく食べられている。全般にニンニクがたっぷり入っているが、これはおそらく高温多湿の気候での乾燥熟成期間中に肉が腐敗するのを

サイクロック・イサーン。豚肉にもち米を加えて醗酵させたタイソーセージ。

防ぐためだろう。

タイでは、ヴェトナムの魚醤入りポークソーセージのゾールアがムーヨーと呼ばれている。カイヨーも類似のソーセージで、豚肉の代わりに鶏肉をもちいる。チャンマイは中国名がついたタイのソーセージで、チリ、コリアンダーの葉と茎、魚醤（ナムプラー）、ガランガル「ショウガ科の植物」、カフェライムリーフ（コブミカンの葉）、レモングラスといったタイ独特の材料を使用している。

タイの酸味のあるソーセージ——ネーム・ムーと、北東部のサイクロック・イサーン（イサーン地方のソーセージ）——は醗酵させてつくるが、コメとニンニクがぎっしり詰めこまれた安価な模造品は、クエン酸（気味が悪いほど人工ライムに似た味がする）を代わりに使って酸味を出している。本物も混ぜ物をしたものも、どちらもおなじみのストリートフードだ。「ハーブソーセージ」として販売されること

タイ、チェンマイのソーセージ売り

ヴェトナムのソーセージ（ゾイ）は、一般に新鮮なハーブをたっぷり添えて出される。

もあるサイクロック・イサーンは、レモングラスやベルガモットオレンジの葉、ナムプラー、何にでも使われるチリペーストやシュリンプペースト［オキアミやエビに塩を加え発酵させた調味料］で味つけすることが多い。

ネームはまず、生の豚肉と加熱した豚皮の細切りに、ニンニクと辛口のチリを混ぜあわせる。昔はバナナの葉に包んで（現在は人工ケーシングが一般的）、タイの暑さのなかに3日間放置して醱酵させた。出来上がったソーセージは鼻にツンとくる酸味があり、いかにもタイらしい味になる。モン族がつくる類似の酸味のあるソーセージは、短い球形になるようにねじり、フライパンで焼いて前菜にする。サイクロック・ルアッはタイのカレー風味のブラッドソーセージで（通常加えられるコメや穀類の代わりに春雨が入っている）、そのヴェトナム版（北部ではヴイ・ティエッ、南部ではヴイ・フエと呼ばれる）にはバジル、コリアンダー、シュリンプペーストが入っていて、ヴェトナム人好みの味になっている。ヴェトナム人は中国のソーセージも好み、ラップスオンと呼んでいる。ビルマ（現ミャンマー）のソーセージは豚肉（ウェットウーチャン）または鶏肉（チェットウーチャン）でつくられる。

　韓国のスンデ（スーンデ）はブラッドソーセージで、豚腸のほか、イカ（オジンオ・スンデ）やスケトウダラ（ミョンテ・スンデ）に詰めることもあり、一般にゆでるか蒸すかして仕上げる。タイのブラッドソーセージと同様、韓国のスンデにも春雨が入っているが、似ているのはその点だけだ。韓国人はテンジャン（みそに似たダイズを醗酵させてつくるペースト）、エゴマの葉（ハッカの一種）、ネギが大好物なので、これらもすべてソーセージ製造機に放りこまれる。肉生地にはたいてい、もやし、もち米のほか、万能調味料のように使われる野菜の漬物キムチが混ぜこまれる。スンデは韓国人にとって、アメリカ人にとってのホットドッグ――ストリートフード――のようなものだが、スンデ専門のレストランもある。

　日本にはソーセージづくりの伝統がない。事実、第1次世界大戦後にはじめてソーセージが製造されるようになったと考えられている。第1次大戦中、東京の東にあった習志野俘虜《ふりょ》収容所に収容されていたドイツ人捕虜のなかにソーセージ職人がおり、食肉加工法に関心をもっていた農商務省畜産試験場の飯田吉英《よしふさ》技師が、捕虜からソーセージづくりを学んで日本全国に普及させた。しかし日本人の口に合うようなソーセージをつくろうという当初の試みはうまくいかなかった。

1934年、ホットドッグが兵庫県西宮市で行なわれた日米野球の会場で販売された。この試合では、アメリカメジャーリーグの選抜チームにあのベーブ・ルースも加わっていた。だがこの見慣れない食べ物はヒットしなかった（観客の多くはロールパンだけ食べて、ソーセージを捨ててしまったのである）。それでも第2次世界大戦後、加工食品への需要が高まると、豚肉やシーフードを使ったソーセージが開発されるようになった。1952年にはスケトウダラを原料にした魚肉ソーセージが大量生産された。今日、「魚肉」ソーセージはサケやクジラからもつくられている。日本企業がアメリカで販売しているポークソーセージの「パリポリソーセージ」はおそらく、天然ケーシングに詰めたジューシーなソーセージにかぶりついたときのあの「パリッ」という音から命名したのだろう。

フィリピンではスペインと中国の影響が一目瞭然で、ドライソーセージはどれも――中国の臘《ラッ》腸《チャン》まで――「チョリーソ」と呼ばれている。ただしチョリーソビルバオは、スペインのチョリーソによく似ている。フィリピンのロンガニーサ（longganisa）は牛肉、鶏肉、マグロなどでつくられ、地方によってさまざまな種類がある。それには、塩気の強いグアグアのロンガニーサ（longaniza）、ラックバンやトゥゲガラオ、ヴィガンのニンニクをきかせたソーセージ、フルーツジュースで甘味をつけたバギオのロンガニサング・ハモナドなどがある。

スペインとポルトガルが植民地をつくったのは南北アメリカ大陸だけではない。インド沿岸のゴアはほぼ500年間ポルトガル領だったので、南アジアの味覚の影響を受けてはいるものの、いまなお非常にスパイシーなショリーソが食べられている。このショリーソにはポルトガルで通常使われる香辛料のほか、クミン、ショウガ、ターメリックが加えられる。ゴアのショリーソは「ウェット」タイプ、「ドライ」タイプ、「皮入り」タイプの3つがある。「ウェット」タイプが1カ月ほど乾燥させるのに対し、「ドライ」タイプは少なくとも1シーズン天日で乾燥させる。「皮入り」タイプには、噛みごたえのある豚皮がたっぷり混ぜこまれている。ゴアのショリーソは、辛いものからおだやかな辛さのものまで、また大きさも大型のものから小型のものまでいろいろある。

ゴアでは、「ソーセージ」はロンガニーサによく似たものを指すが、その辛さはチリではなく黒コショウによるものである。さらにまぎらわしいことに、ホットドッグにはまったく似ていないにもかかわらず、ソーセージは一般に「ゴアンフランクフルター(ゴア風フランクフルトソーセージ)」と呼ばれている。

第5章◉科学技術と現代のソーセージ

ここまで、ソーセージ製造につきものの技術的問題についていくつか触れてきたが、この章ではそれらをさらにくわしくみていきたいと思う。科学的・歴史的な話もふくまれるが、そのほかは家庭でソーセージを手づくりしている人々がより安全に、満足のいくソーセージをつくるうえで役立つ情報ばかりである。本格的にとり組んでいるアマチュアやソーセージ職人の卵は、巻末にあげた参考文献などを参考にしていただきたい。

◉季節性

19世紀末まで、ソーセージはおもに冬季に製造されていた。それ以外の季節では肉が腐りやすいことにくわえ、豚が自分でえさをあさることができないため、飼育コストが高くついたからだ。冷蔵庫が利用できるようになり、鉄道によって生きた動物を安く輸送し、人口密集地の大規模食肉加

リンクソーセージ［鎖状につながったソーセージ］の製造。スウィフト社食品加工工場、シカゴ、1905年頃。

上：19世紀の家庭用肉ひき機。この肉ひき機は、現在販売されている型と基本的に同じである。

下：1880年代のドイツの児童書のさし絵。両手を使って肉を切りきざんでいる。

工場に供給できるようになると、通年生産が可能になって収益があがった。

●フォースミートの製造

当初、フォースミートは包丁を使うか、木製ボウルの内側に合うように湾曲した専用のナイフ——メッツァルーナ［半月形のチョッパー］——を前後左右に揺り動かすかして、すべて手で切りきざんでいた。モルタデッラのような非常になめらかな肉生地は、すりつぶしてつくるしかなかった（だがモルタデッラという名前は、かつてソーセージ製造に使われていた巨大な乳鉢と乳棒ではなく、風味づけに加えられていたマートル［キンバイカ］の実に由来する）。乳鉢には木の切り株をくり抜いただけのものもあった。

1880年代には業務用の肉ひき機が、肉を「切りきざむ」ための望ましい方法として包丁にとって代わるようになった。なかには、肉屋が肉を切りきざむような動きで回転する刃がいくつも複雑についたものもあったが、多くはむしろ家庭用の肉ひき機に近く、「ウァーム［らせん形状の部品］」が、回転するプロペラ形の刃に肉を送りこむしくみになっていた。刃は4枚あり、それぞれの刃が一定サイズの穴のあいたプレート［円盤状の金属製の板で、穴の部分が刃になっている］の上をすべり、その刃と穴が1丁の小さなハサミのような役割をはたして、肉が希望する直径に切りきざまれるのである。食物史家のアン・メンデルソンはこう述べている。

エドワード・L・ローパー「肉ひき機」（1937年頃）

回転式ハンドルがついた手動のウォーム供給式肉ひき機は、ソーセージづくりに大いに刺激を与えた。20世紀になる頃にヨーロッパとアメリカで市販されていたソーセージの大半は、機械式の肉ひき機が登場したからこそ製造することができたといっていいだろう[1]。

肉ひき機はソーセージ製造に要する多大な労働力を大幅に減少させ、さらに数十年後、電気モーターが登場すると、ソーセージの大量生産が可能になった。

現在、ほとんどのソーセージが機械でひいた肉を使っているが、いまでも包丁で切った肉を利用しているソーセージ職人もいる。イタリア、マルケ地方の特産品であるサラーメ・トラディツィオナーレ・ディ・ファブリアーノやサラー

アメリカのバッファローチョッパー（肉ひき機）のドイツ版。どちらの高速カッターも摩擦熱が発生しない。

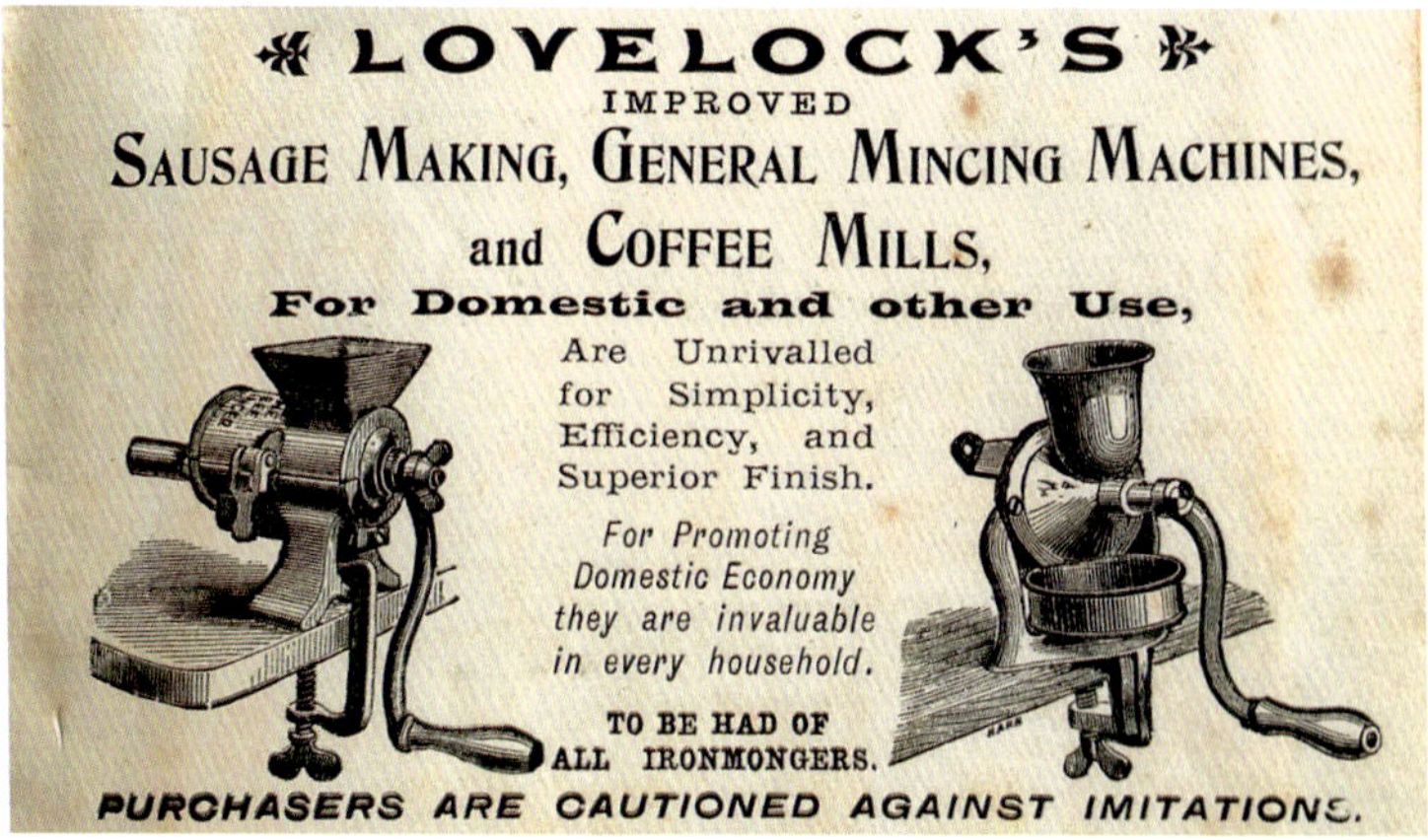

家庭用肉ひき機の広告。アーサー・ケニー＝ハーバート大佐の「50の朝食――ヴィクトリア朝時代の130種を超えるおいしい定番朝食レシピ集 *Fifty Breakfasts: A Splendid Victorian Collection of Over 130 Classic Breakfast Recipes*」（1894年）に掲載されたもの。

メ・ストリコ・ディ・ファブリアーノは、脂肪の少ない豚の細びき肉に、手で切った白い脂肪の大きなかたまりが混ぜこまれる。またリヴェッロ・ソペルツァータの豚肉は手で細かく切りきざまれ、豚腸に詰めたのちプレスされる。

◉塩と調味料

塩はソーセージにおいて3つの働きをする。ひとつは、腐敗を引き起こす細菌を殺して、腐りやすい肉の保存性を高めること（塩の防腐効果については本章でのちほど解説する）。ふたつ目は、肉にふくまれるタンパク質（ミオシン）の一部を溶かし、肉片と肉片を結着させること（溶けだしたタンパク質は加熱すると凝固して細かな肉片をつなげ、なめらかな網目構造の組織をつくる）。そして3つ目は、塩味をつけたり風味を高めたりすることである。

こうした塩の効果はファストフードメーカーも利用していて、売り物にならないくず肉（舌、心臓、トライプ［牛などの反芻《はんすう》動物の第1～第3胃］、皮など）を「ナゲット」や「フィレ」のようなより食欲をそそるものに加工している。くず肉の大部分は機械的に骨から分離されたもので、そのままではまとまらないため、塩の結着力を利用して固められなければ食用として認可されない――また売り物にもならない――だろう。この機械的に分離されたくず肉は「ピンクスライム」と呼ばれ、安全性への懸念から近年広くメディアの注目を集めているが、この状況は1906年にアプトン・シンクレアの『ジャングル』が出版されたあとの騒動を思わせる。

ソーセージメーカー（または製造加工業者）なら、可溶性タンパク質が塩によって溶けだし、それによって肉生地に粘り気が出ることはすぐにわかる。この結着が起こるのに必要な材料の割合は単純で、肉1キログラムに対し塩が13グラムである（塩は、ソーセージのなかのタンパク質の断片と調味料を結着させるのに使われる唯一の材料ではない。そのほかについては次章で解説する）。塩にはまた、ほかの調味料の香りを強める働きもある。これは冷製（冷たくして供する）ソーセージの場合、とくに重要である。というのは、冷たい状態だと、温めた食べ物ほど揮発性香気成分が拡散しないからだ。

昔からハーブと香辛料は、ソーセージの外観をどのように仕上げるかによって、そのままか、もしくはすりつぶしてフォースミートに加えられてきた。ソーセージのなかには、ホールスパイス（粒のままのコショウの実やフェンネルシードなど）が付け合わせの役割をはたし、噛んだときに異なる風味が一瞬ぱっと口のなかに広がるものもある。大量生産のソーセージの多くには――ホットドッグなど――もはや本物のハーブや香辛料はふくまれないが、その代わりにエキスや含油樹脂がもちいられる。こうすると、より均一で（原材料のばらつきがなくなるため）、よく混ざりあった均質な粘度の製品ができる。しかも、このほうが安価でもある。

◉充塡と包装材（ケーシング）

ソーセージを詰める工程では、じょうごのような簡単なものや、家庭用肉ひき機（手動式または

広く使われている豚腸。右は塩漬けしたもの。左は温水につけて、いつでも充填できる状態になっているもの。

電動式）にとりつける角《つの》の形をした容器、あるいはさまざまなピストン式の器具などが利用される。工場では、巨大なコンピュータ制御の機械が毎分数千本のソーセージを充填・成形し、包装する。

ソーセージメーカーは、ケーシングに使う各種の腸の呼称に独自の専門用語をもちいている。それらは解剖学的構造で区別されているが、種によって区別する場合もある。天然素材のケーシングには次のようなものがある。最大の天然ケーシングである「バング（盲腸）」（大腸の先の部分にある、一部が閉じた腸管。豚の盲腸はレバーヴルストや、クラテッロのモモのかたまり肉を詰めるのに使われる）。「ミドル」は大腸で、おもにサラミ用として利用される。「ラウンド」は小腸で、もっとも一般的な太さのケーシングであり、羊（ブレックファストリンクス、シポラタ［フランス風小型生ソーセージ］）や豚（イタリア風ソーセージ、ブラートヴルスト）の小腸がこれにあたる。また動物の年齢によって、さまざまな大きさのものがある。ウシ科のケーシング（大型ソーセージや、豚肉が禁止されている場合などに便利）には、大型のサラミに使われる雄牛のランナー（小腸）や、ハギスバング（ハギス用の盲腸）と誤って呼ばれることもある雄牛のミドル（大腸）などがあり、後者は直径の大きなケーシングが必要なモルタデッラに最適だ。

現代の科学技術は数多くの代替品を生みだしている。製造業者にとって便利なように、ばらつきのある天然ケーシングに代わる均一で安全、かつ機械に適したものもあれば、ユダヤ教徒のカシュルートやイスラム教徒のシャリーアに対応しているものもある。セルロースやコラーゲン、ビニールでできた人工ケーシングには、さまざまなサイズと色がある。人工ケーシングは、パンなどに塗ることができるパテタイプのソーセージ（ブラウンシュヴァイガーなど）やサラミ（とくにコーシャ認定の牛肉サラミ）のほか、大量生産のコールドカット（ボローニャなど）によく使われる。

ソーセージのなかには「腸詰め」には見えないものもある――それは実際、腸詰めされていないからなのだが、最近の皮なしフランクフルトソーセージなどは、厳密には皮なしではない。細かく切りきざんだ肉と調味料を乳化したもの（エマルジョン）は、加熱する前はほぼ液体（業界用語で「バッター［水分の多いゆるい生地］」）である。このホットドッグのエマルジョンは機械で連続的にセルロースのケーシングに流しこまれて加熱され、そのあとケーシングに切り込みを入れてはがされ、最後に包装される。

◉塩漬

ソーセージを乾燥させると、さまざまな微生物の働きによって肉にふくまれる糖分が乳酸に変わり［乳酸醗酵］、その結果、pH（ペーハー）が低下して（つまり酸性度があがって）有害な細菌が生存しにくくなり、腐敗を防ぐ。

細菌は化学的方法で、自然的にも人工的にも制御が可能である。塩はふた通りの方法で防腐剤の役割をはたす。ひとつは肉から水分を引きだし、病原菌が繁殖できないようにし、もうひとつは、細菌の細胞内の浸透圧を高めて破裂させるのである。

亜硝酸と硝酸塩は、ボツリヌス中毒を引き起こすボツリヌス菌（学名 *Clostridium botulinum*）のような危険な細菌の増殖を抑制するため、古くから使われてきた。「botellus（ボテルス）」（「腸」を意味するラテン語。古代ローマ時代のソーセージ「ボトゥルス」はこの語に由来する）は、英語の「botulism（ボツリヌス中毒）」の語源だが、この病気の原因がソーセージにあるわけではない。ベルギーのエミール・ヴァン・エルメンゲムは１８２３年、塩漬けが不十分なハムによって引き起こされる症例を調べていたとき、ボツリヌス菌を発見した。顕微鏡で見ると、その細菌はソーセージがもつれあっているように見えたため、そう命名したという[2]。

ソーセージ製造における好ましくない微生物にはほかに、ブドウ球菌（学名 *Staphylococcus aureus*）、サルモネラ菌のいくつかの菌種、特定の酵母菌とカビ——ただしアオカビ属の無害な種類（一部のドライソーセージを白くおおっている）は有害な細菌の増殖を抑え、さらに風味も加える――などがある。

ソーセージは十分に乾燥するまでは腐敗しやすいので、亜硝酸塩が入った塩漬《えんせき》用の塩をもちいてボツリヌス菌の生育を抑える。ソーセージメーカーは一般に、薄く色のついた塩漬用の塩（TCM／通常の食塩と混同しないようにピンク色に着色してある）を使って亜硝酸塩を添加する。TCMは、亜硝酸ナトリウム（$NaNO_2$）を6・25パーセント混ぜた食塩である。プラハパウダーまたはインスタキュア＃1とも呼ばれ、温燻［30～50℃で燻煙］（加熱）し、かつ長期間保存しない肉に使用する。インスタキュア＃2には亜硝酸ナトリウムにくわえ硝酸ナトリウム（$NaNO_3$）が配合されており、これは冷燻し――またはまったく燻煙せずに――長期間保存する肉に使用する。

インスタキュア＃1も＃2も、一酸化窒素（NO_2）を生成して危険な細菌を酸化させる。一酸化窒素はさらにヘモグロビン、ミオグロビンと結合して、加熱すると濃いピンク色に変わる色素を生成する（加熱したハムやサラミに特徴的なバラ色をつくりだす）。インスタキュア＃2にふくまれる硝酸塩は遅効性［時間をおいて効果が現れること］で、亜硝酸塩が使いはたされたあとも長期にわたり一酸化窒素を生成しつづける。これが、インスタキュア＃2が、冷燻製のように長時間かけて保存加工するタイプの食肉製品に向くゆえんである。

天然由来の硝酸塩と亜硝酸塩（セロリにふくまれるような）は何世紀ものあいだ、肉の腐敗を防ぐために使われてきた。しかし1956年、イギリスのジョン・バーンズとピーター・マギーが、ニトロソアミン（タンパク質と硝酸塩が高熱にさらされると生成される）が実験動物に腫瘍を形成させる場合があることを発見した。のちの実験から、動物の飼料にふくまれるニトロソアミンとがんの発生とのあいだには強い相関関係があることがわかった(3)。こうした発見を受けて、製造メーカーはこの化合物の使い方を変え、亜硝酸塩の量を減らして（100万分の120）、ビタミンC（$C_6H_8O_6$ アスコルビン酸）もしくはERY（$C_6H_7NaO_6$ エリソルビン酸ナトリウム）を加えるようになった。そうすると、硝酸カリウムや硝酸ナトリウム（硝石 KNO_3 や $NaNO_3$）をふくむ肉を焦がした際に検出される発がん性物質は生成されない。

とはいえ、すべての細菌が有害というわけではない。乳酸菌は肉にふくまれる天然の糖分を乳酸に変え、pHを低下させる。酸性度があがると、亜硝酸塩または硝酸塩を配合した塩と同じように、有害な細菌は酸化され死滅する。伝統的な製法でソーセージをつくる製造業者は、大気中の微生物を利用して醱酵させる。こうするとその土地の自然環境の影響を受け、地域によってさまざまな風味が生みだされる（ワインでいうところの「テロワール」［「土壌」の意。ワインの味に産地の自然条件が個性を与えること］）。最新の方法では通常、乳酸連鎖球菌（ザウアークラウト［ドイツの塩漬け醱酵キャベツ］の独特の酸味を生みだす）と乳連鎖球菌に加え、ビフィド菌、乳酸菌、ペジオコックス菌、ブドウ球菌のそれぞれ認可された菌株を接種する。最近では、いくつかの酵母菌（デバリオマイセス・ハンセニやサッカロミケス・ケレウィシアエ）が望ましい酸性度を生じさせることがわかっている。酸性ピロリン酸ナトリウム（ホットドッグやボローニャタイプのソーセージ向け）

やグルコノデルタラクトン（サラーメ・ジェノヴェーゼのようなドライソーセージ向け）などの化学薬品を添加してpHを調整することもある。[4] ドライソーセージのレシピには、乳酸を生成する細菌が望ましいpHを達成するための追加の栄養分として、砂糖またはグルコース（ブドウ糖）がふくまれていることが多い。

時間をかけてじっくり醱酵させると、調味料だけでは出せない、より深く複雑な風味が生みだされる。メキシコのチョリーソは乳酸による酸味が強い（だが短期間でつくられるチョリーソは、醱酵の手間を省いて酢――希酢酸――やクエン酸を添加している）。化学添加物は好ましい酸味を与えるが、乳酸ほどの防腐効果はないので、そうしたソーセージは冷蔵するか、すぐに食べなければならない。また強烈な味の調味料は、醱酵ソーセージ特有の複雑な風味の不足を補ってくれる。

◉燻煙

燻煙は、煙にふくまれる多くのフェノール化合物［殺菌作用をもつ］をソーセージに添加するとともに、ソーセージの表面を硬い皮膜（樹脂膜）でコーティングすることによって防腐剤の役割をはたす。この不透水性の樹脂膜は「ペリクル」と呼ばれ、燻煙する前にソーセージを少しのあいだ風乾した場合にだけ形成される。煙の微粒子がペリクルに付着し、その特徴的な黒っぽい色をつくりだす。煙はまたソーセージに独特の風味を与え、その味や食感は、燻煙の温度や燻煙材の種類によってさまざまに異なる。たいていは硬材（ハンノキ、リンゴ、カエデ、カシなどの広葉樹材）で燻煙するが、例外的に針葉樹が使われることもある。熱燻《ねっくん》（80℃以上で燻煙）した肉は完全に加熱されるので、そのまま食べることができる。それに対し冷燻（20～30℃で燻煙）した肉は、そのあと加熱するか、安全な水分含量になるまで乾燥させることで、そのまま食べられるようになる。ちょうどよい具合の燻煙香や燻煙色を一貫してつけるのはむずかしいため、市販のソーセージ（とくにホットドッグ）の多くは、燻煙庫で時間をかけて燻煙する代わりに、霧状にした燻煙液のなかをくぐらせて表面に煙成分を塗布する。

第6章◉ソーセージの種類とバリエーション

◉血液

豚の血液はソーセージやブラックプディングの材料によく使われるが、牛の血液もやはり利用できる。宗教の聖典のなかには、ユダヤ教のカシュルートやイスラム教のシャリーアのように、血液の摂取を禁じているものもある。いずれの聖典も、とりわけ豚の血液を口にすることを禁じている。

血液には、筋肉組織にあるタンパク質ミオシンがふくまれないので、塩はほかのソーセージのように肉を結着させる目的では使われない。代わりに塩は塩味をつけるほか、新鮮な血液に混ぜて、食感を悪くするフィブリン（血液を凝固させる繊維状の硬タンパク質）が生成されないようにするために利用される。

血液は液状なので、ほかのフォースミートとは扱い方が異なる。とくにブラッドソーセージの場合、加熱調理したコメなどの穀類をつなぎとして加え、ケーシングに詰めやすくすることが多い。「フォースミート」が液状であるため、ブラッドソーセージはじかにグリルで焼いたりフライパンで焼いたりできないので、最初は必ず沸騰しない程度の湯でゆでる。すると血漿《けっしょう》中のタンパク質が変性し、スライスできるくらいに硬くなる。ノルウェーのブロードポルセやハンガリーのヴェレシュには一般にコメが入っており、それがクリーミーな食感をつくりだしている。スコットランドのブラックプディングケーキはオートミールと牛の血液を混ぜてつくるが、ノルウェーのブロードプディングにはコメとオオムギが加えられる。また、エストニアのヴェリヴォルストにも全粒オオムギが入っている。イタリア南部、モリーゼ地方のブラッドソーセージ、スファリチャートは、独特の食感を出すため、加熱調理したエンマーコムギが混ぜこまれる。

フランスのブーダン・ノワール・ド・ポルク［豚のブーダンノワール］は、軽く炒めたタマネギと角切りにした脂肪を混ぜこみ、甘口のスパイス（クローヴまたはオールスパイス。キャトルエピスを加える場合もある）で味つけする。イタリア、ピエモンテ州ノヴァーラ県ではマルツァパーネがつくられており、菓子のような名前だがまったく甘くない料理で、ベーコン、ニンニク、牛乳、ワインが入っている。ナポリのサムールキオには、チリとベイリーフ（月桂樹の乾燥葉）で風味づけした牛の血液が詰められ、いっぽうトスカーナ地方のビロルド・ディ・ルッカは、甘口のスパイス、松の実、干しブドウを牛の血液に混ぜこんでいる。サルデーニャ島のスズレッテも同様のソーセージで、代わりに羊の血液が使われる。ウンブリア州のサングイナッチョは、オレンジの皮で香りをつける。
バスク地方には独自のブラッドソーセージ、モルシーリャがある。モルシーリャはピレネー山脈から新大陸へ伝わり、アルゼンチンではモルシーリャ・ア・ラ・ヴァスカと呼ばれている。血を口にするなんて考えただけでぞっとすると思う人なら、このソーセージのほかの材料を知ったら恐怖のあまり卒倒するかもしれない。何を隠そう「洗ってきれいにした豚の頭肉、腎臓、横隔膜、それにほかでは使われないもろもろの臓物[1]」まで入っているからだ。ブラッドソーセージの多くは甘口のスパイスをもちいるが、モルシーリャにはさらに、クミン、ニンニク、オレガノ、炒めたネギも加えられる。

ドイツのカルトッフェルヴルスト「ジャガイモのソーセージ」は、ブルートヴルストにサイコロ状にカットしたジャガイモを混ぜこんだもの。スクラップルに似た、オランダとドイツのバルケンブリーには血を混ぜることもある。おそらくもっともめずらしいブラッドソーセージはチベットのギュルマだろう。ギュルマはヤクの血液からつくられる。

●そのほかの臓物

トルコのココレッチには羊の肺が使われ、ギリシアでは、羊の心臓、腸、腎臓、肺（くわえてニンニク、オレガノ、タイム、アーモンド）をオリーブオイルとレモンのしぼり汁で焼いたアンドゥイェットの一種がつくられている。ギリシア系ユダヤ人は、これと同じソーセージをガルドベスと呼んでいる。イタリア南部のカンパニア地方では、肺はサルシッチャ・ディ・ポルモーネの原料になり、ドイツ北部のスモークドソーセージ、ルンゲンヴルストには豚肉と肺が使われている。

ドイツのミルツヴルストには脾臓の細切りが混ぜこまれ、トスカーナ地方のアマッツァフェーガトには豚肉とともに、心臓、腎臓、レバー、脾臓、舌が入っている。またウズベキスタンの酸味の強いハシップには、腎臓、肺、脾臓（それにコメを少々）に加え、子羊肉か牛肉のミンチが詰められる。

アメリカ人はふつう臓物について知りたがらないし、ましてや食べるなんてとんでもないと思っている。しかし移民の好物がこうした傾向に例外を認めることもある。ペンシルベニア州西部出身のドイツ系アメリカ人、チャーリー・ハッセルバックは、19世紀末にテキサス州に引っ越した。ハッセルバックの「ピッツバーグ・ホットリンクス」――すりつぶした心臓、唾液腺、舌、トライプが入った牛肉ソーセージ――は今日、ドイツ人コミュニティだけでなく、テキサス州の定番の食べ物でもある。

●ちょっと変わった調味料

やわらかく甘味のあるサルデーニャ島のサ・スプレサーダ・サングイナッチョは、ペコリーノチーズ［イタリアの羊乳チーズ］、ミント、干しブドウ、砂糖、タイム、加熱した青野菜でつくられる。イタリア北部、トレンティノ＝アルトアディジェ州のバルドナッツィオ・サングイナッチョ（ブル

ブロッコリーレイブと甘口イタリアソーセージのオレッキエッテ（「小さな耳」）

スティ）は、加熱したタマネギとポロネギ、クリ粉、クルミ、干しブドウに、ナツメグとセイヴォリーで味つけしたもの。イタリア南部、プーリア州のブラッドプディングには、シトロン、チョコレート、シナモン、クローヴ、松の実、砂糖、バニラが加えられ、いっぽうモリーゼ州の甘いブラッドプディング、スファリチャートには、ココア、オレンジの皮、砂糖、干しブドウ、松の実、クルミが入っている。

イタリアのほかの地域と同様、ロンバルディア地方でも、古代ローマのルガーネガに起源をもつ独自のソーセージを製造している。際立った特徴は、シナモン、クローヴ、コショウ、ムスク［麝香《じゃこう》。雄のジャコウジカの香嚢《こうのう》に蓄積する芳香の強い粉末］、ナツメグ、ロゼワイン、サフラン、砂糖という調味料の組み合わせで、これに松の実と干しブドウが混ぜこまれる。ジョン・ノットの『料理人と菓子製造人の辞典 *The Cooks and Confectioners Dictionary*』（1723年）には、牛の髄、卵、粉末アーモンド、バラ水、砂糖でつくる一風変わったソーセージのレシピが登場する。ロンバルディア州クレモナのコテキーノ・クレモネーゼ・ヴァニーリアもよい香りのするソーセージだが、こちらはバニラ（ヴァニーリア）が使われている。

●家畜以外の動物の肉

ヤギは地球上でもっとも消費されている肉畜［食用肉とするために飼育する家畜］だが、いわゆる先進国では忘れられがちである。ヤギ肉は世界の多くの地域で、ほかの肉に代わってソーセージに利用されている。ロンバルディア地方のサラーメ・ディ・カプラは、ヤギ肉のほか、豚肉、パンチェッタ［イタリア式豚バラ肉の生ベーコン］、赤ワイン、ニンニクをもちいたドライソーセージ。ウズベキスタンのハシップは、ヤギの肺、腎臓、脾臓を混ぜあわせ、クミンで味つけしたもの。ドイツのドライソーセージ、ツィーゲンクナッカーもまたヤギ肉からつくられる。

馬肉は、中央アジアのチュルク系各共和国（カザフスタン、キルギスタン、タタールスタン）の馬肉ソーセージ、カズィの原料になる。塩漬けしたニンニクのきいたフォースミートを馬腸に詰め、そのあと燻煙または風乾して仕上げる。馬肉ソーセージはシベリアでも人気がある。ジャーナリストのピーター・ランド・シモンズは、馬肉を食べることを嫌うイギリスとアメリカで19世紀に、ソー

強く燻煙するマハンはトルコの伝統的な馬肉ソーセージだ。

セージに馬肉が混ぜられた事例についていくつか報告している。[2] 19世紀なかば、イギリスの粗悪食品を調査したある委員会は、次のように証言している。

馬の後四分体《あとしぶんたい》［半丸枝肉（頭部、内臓、四肢の先端などをとりのぞき、背骨にそって縦割りにしたもの）を胸部でふたつに切断したときの後ろの部分］は……一般に、いわゆるブローン、すなわち豚の頭肉と混ぜるか、ソーセージやポロニー［ボローニャソーセージの一種］用の肉として売られる。またソーセージ製造業者から聞いた話では、馬肉はソーセージづくりに役立つ食材だという。硬タンパク質のフィブリンがソーセージの細かな肉片をつなぎとめて固めるので、店頭に長く陳列しておけるようになる。馬肉を入れなければソーセージから水分がにじみでてきて、やわらかく水っぽい感じになる。馬肉はまた、ドイツソーセージを固めるのにも利用されていると思われる。[3]

1860年代には、イギリスで馬肉（フランス語で「シュヴァリーヌ」）を広めようという試みがなされたが、不発に終わった（当時フランスでは、ロバ肉、馬肉、ラバ肉は貧乏人の食べ物だった）[4]。ロンバルディア地方のサルーミ・エクイニ・デッラ・ヴァルキアヴェンナは、乾いた塩をすりこんで塩漬けした馬肉を豚腸に詰め、乾燥させたもの。塩漬用の塩には、ベイリーフ、黒コショウ、ニンニク、ジュニパーベリーが混ぜられる。サラーメ・ダジーノ［ロバ肉サラミ］は、ピエモンテ地方でいまもときどきラバ肉やロバ肉でつくられている。トレンティノ＝アルトアディジェ州のルガーネガ・デッラ・ヴァッレ・デイ・モケニ［モケニ渓谷のルガーネガ］はふつう豚肉でつくるが、必ずロバ肉を少し加える。イタリア北東部のヴィチェンツァでは、いまなお食肉用に飼育された灰色ロバでソーセージを製造している。脂肪の少ないロバ肉は、赤ワインと豚の脂肪でしっとりさせる。ピエモンテ州モンフェッラート地方のムレッタは、バルベーラワイン［ピエモンテ地方の辛口赤ワイン］に漬けこんでつくるポークソーセージで、かつてはロバ肉が使われていたが、現在はその名前だけが残っている。

●猟鳥獣肉

あらゆる種類の野生哺乳動物（レイヨウ、バイソン、ヘラジカ、カンガルー、ウサギ）、鳥（ア

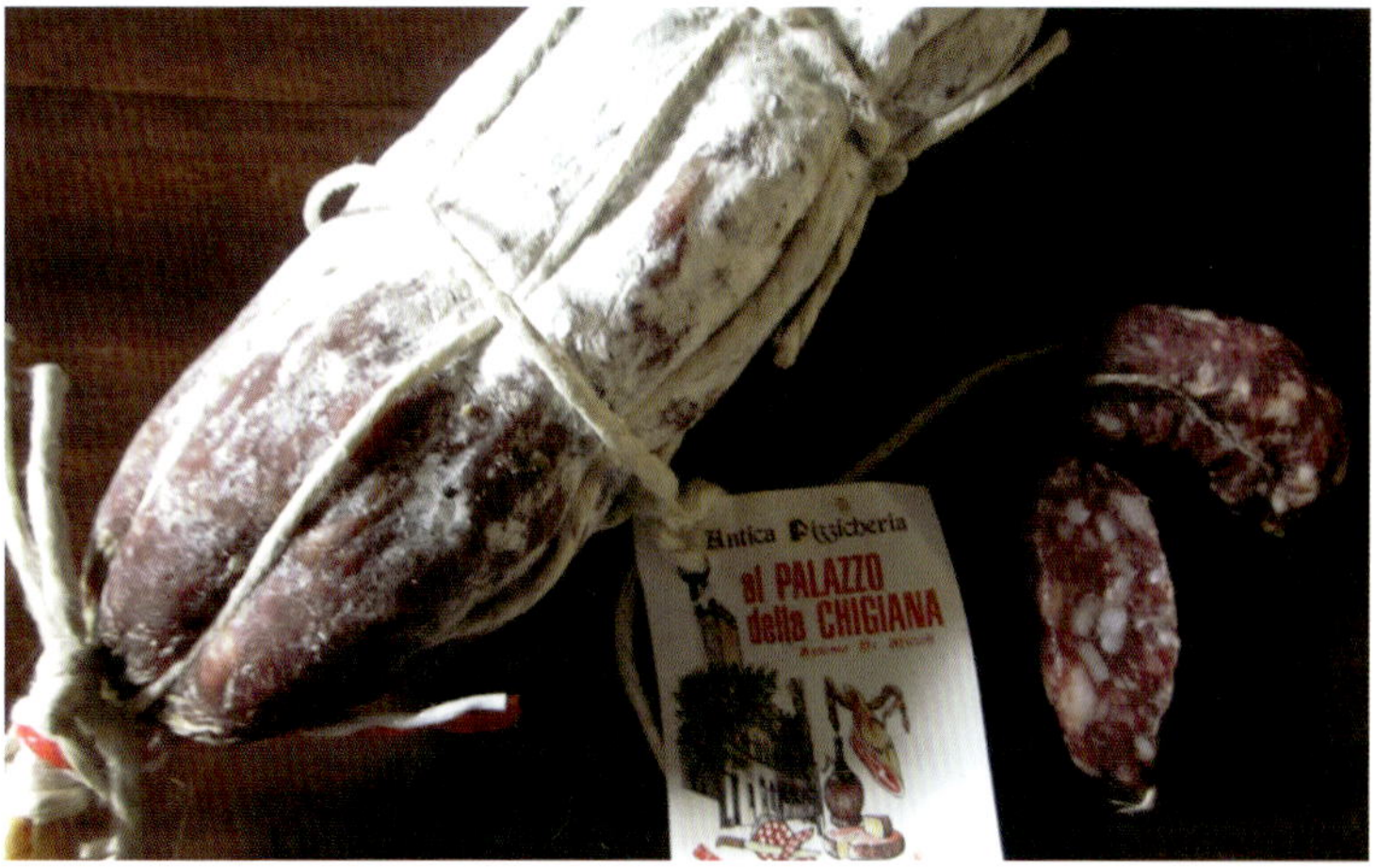

イタリア、シエナのサラーメ。イノシシ肉を原料に、バローロ［ピエモンテ州南部のバローロ村を中心に生産される辛口赤ワイン］でしっとりさせる。

シエナのサンドイッチ店。イノシシはトスカーナ地方の名産品で、この店のショーウインドウにも陳列されているように、ソーセージやハムに加工される。

ヒル、エミュー、ガチョウ、ダチョウ、キジ)、爬虫類(ワニ、ヘビ、カメ)が、ソーセージの原料になる。シカ肉ソーセージは、アメリカではハンターが仕留めた獲物のくず肉を活用する方法として人気がある。ヨーロッパではあまり一般的ではないが、ピエモンテ地方でサラーメ・ディ・カプリオーロ[ノロジカ肉サラミ]やサラーメ・ディ・チェルヴォ[シカ肉サラミ]にお目にかかれることがある。リヴァリングは、エリザベス朝時代の猟鳥獣肉を使ったプディングで、捨てられるような臓物が利用されていた(ウェールズではプディネン・アヴと呼ばれていた)。イノシシ(イタリア語で「チンギャーレ」)は、トスカーナ州シエナ周辺の特産品だが、ピエモンテ州でもサラーメ・ディ・チンギャーレを製造している。

南アフリカでは、オランダ風ソーセージのブーレヴォルスが、レイヨウ、クーズー(レイヨウの一種)、スプリングボック(レイヨウの一種)のようなほかの手に入る肉でつくられることもあれば、数種類の肉を混ぜあわせて、たんに「猟獣肉ソーセージ」と呼ばれることもある。カナダのブローン(ヘッドチーズ)は、カリブー[北アメリカのトナカイ]やムース[北アメリカのヘラジカ]といった地域原産の猟獣肉を原料にもちいる。

●羊肉

イタリア、ロンバルディア州ブレッシアのサルシッチャ・ディ・カストラート・オヴィーノ[去勢羊肉ソーセージ]には、子牛肉と豚肉を混ぜた羊肉が使われる。最初に肉をゆで、冷やして脂肪を除いたあと、豚の脂肪、ニンニク、塩、コショウ、種々のハーブや香辛料を加え、きめ細かいミンチにして豚腸に詰める。アブルッツォ州のサラーメ・ディ・ペーコラ［羊肉サラミ］は90パーセントが羊肉で、わずかに豚肉が入っている。ピエモンテ州の一風変わったサラーメ・ディ・カモッショは、細かく切りきざんだ子羊のやわらかい皮が混ぜこまれている。

●家禽肉

フランスのソーシス・ド・カナー（アヒル肉ソーセージ）には、緑コショウの実［熟す前の緑のコショウの実を乾燥させたもの］を混ぜることが多い。1970年代、アヒル肉ソーセージはおしゃれな高級レストランに欠かせないメニューで、当時はキイチゴシロップ、ピンクコショウの実、キーウィフルーツが流行の食材だった。近年、健康への関心の高まりから鶏肉や七面鳥肉のソーセージが人気だが、実際、家禽肉は古くからソーセージの原料に利用されてきた。サラーメ・ドカ・ディ・モルターラはロンバルディア州の名産品で、豚肉とガチョウ肉を混ぜた肉生地が使われる。イタリア系ユダヤ人は一般に、豚肉の代わりにガチョウ肉をもちいてソーセージをつくり、ニーズに合わせて定番のレシピ——ソーセージリゾットなど——をアレンジする。

●シーフード

ありとあらゆるシーフードがソーセージの材料になる。しかし魚介類の大部分には豚肉にふくま

フランス、フォアの市（いち）に並ぶアヒル肉ソーセージ

れるミオシンがないので、塩だけではなめらかな食感にならず、ソーセージも固まらない。さらに魚の脂肪は、味にくせがあるか、すぐに溶けてなくなってしまうかのいずれかだ。たいていはパナーダ［パン粥］やクリームを加えることで、どちらの問題も解決できる。西洋のシーフードソーセージは、ベースの肉生地に淡白な白身魚（ヒラメやタラなど）をもちい、それに貝や甲殻類（イセエビ、ロブスター、ホタテやクルマエビなど）または色鮮やかなサケの断片を混ぜこむことが多い。調味料は、ニンニクやチリでは魚の繊細な味が引き立たないので、あまり香りの強くないものが使われるが、アメリカ、ルイジアナ州のケージャン風ソーセージは例外である。

韓国の江原道《カウウォンド》では、細かく切りきざんだ新鮮なイカでオジンオ・スンデ、スルメでマルン・オジンオ・スンデ、スケトウダラでミョンテ・スンデが製造される。

◉野菜

ソーセージは本質的に「肉料理」だと思われがちだが、植物性の材料がたっぷり入ったものも数多くある。それらは必ずしも完全菜食主義者（ヴィーガン）向けのホットドッグならぬ「ノットドッグ not dog」や、ダイズ（豆腐や組織化植物性タンパク質［TVP］）やグルテン（セイタン）でできた擬製ソーセージというわけではない。こうした植物性の材料のなかには、モルタデッラのピスタチオやオリーブローフのスタッフドオリーブのように、たんに飾りとして加えられるものもある。ハーブや香辛料が主材料になっているソーセージもあり、これは少ない肉を混ぜ物でボリュームアップするためによく利用される調理法でもある（ソーセージの多くが最初そうだったように）。

ウェールズのグラモーガンソーセージには肉がまったく入っていないが、タンパク質はチーズが補っているので、ヴィーガンには向かない。スコットランドのホワイトプディングには、おもにオートミール、タマネギ、香辛料、植物性脂肪でできている菜食主義者向けのものもある。中国の糯米《ノーミィ》腸《チャン》には、味つけした粘りの強いコメ（短粒米［ジャポニカ米。粒が小さく短いコメ］またはもち米）が詰められる。中世の異端審問の時代、ポルトガルのユダヤ人は一見豚肉ソーセージのように見える料理をつくっていたが、実際には、肉はまったくふくまれていなかった。このファリニェイラはおもに小麦粉、脂肪、調味料でできており（この現代版には豚肉とパプリカが入っていて、ショリーソによく似ている）、異端審問を免れるためにつくられたソーセージだった。実際、審問官をだませたかどうか調べてみるのも興味深いだろう。

ピエモンテ州のサルシッチャ・ディ・カーヴォロ（サウチッサ・デコイ）には豚の肉と脂肪を混ぜた緑キャベツの葉が詰められ、ロンバルディア州のサラーメ・アッレ・ラーペは、キャベツとカブを豚の脂肪でしっとりとした食感にしている。イタリア、チロル地方のバナーレ・チュイゲ（コイガ）は、豚肉のつなぎにカブを使った経済的な燻製サラミだ。

ザウマーゲンはハギスに似たドイツのソーセージで、豚肉（場合によっては牛肉）にニンジンとジャガイモをつなぎとして加え、オールスパイス、バジル、ベイリーフ、キャラウェイ、カルダモン、クローヴ、コリアンダー、ニンニク、パセリ、タイムで味つけし、雌豚の胃袋に詰める。

●めずらしいケーシング

さまざまなデンプンが世界中でほかの食べ物を包む包装材として利用されてきた（ダンプリング［小麦粉の皮に果物を包んでゆでるか焼くかしたデザートの一種］、ラヴィオリ、ワンタン、エンパナーダ［味つけした肉を詰めたパイ］など）のと同様に、多様な素材が腸詰めの包装材として使われてきた。当然、管状の豚腸がまっさきに選ばれ、それは現在も変わらないが、ほかにも適したものがいろいろある。羊の小腸も、アメリカの朝食用小型ソーセージの「リトルリンクス」やフランスのソーシス・ア・ラ・シポラタでおなじみだ。

ケーシング自体が風味を添えることもある。イタリア、モリーゼ州イゼルニアのコンカ・カザーレ・シニョーラに使われる腸は、レモンのしぼり汁で洗ってから腸詰めされる。またウズベキスタンのハシップは、羊の肺を混ぜこんだ肉生地を羊腸に詰める。イタリアのマルケ地方では、ケーシングの余りの豚腸（アメリカではチトリングスまたはチトリンズと呼ばれる）を、酢、バジル、ベイリーフ、フェンネルシード、オレンジの皮でつくった漬け汁に漬けこんで熟成させる。こうして出来上がったチャリンボーロは特別なごちそうとされ、ソーセージ製造業者が自家用にする場合が多い。ローマ付近では、マッツィ――生の豚腸――を、黒および赤コショウ、フィノキエッラ（スイートシスリー。学名 *Myrrhis odorata*）、ニンニク、塩、白ワインを混ぜた漬け汁に漬け、そのあと乾燥もしくは燻煙する（燻煙したものはマッツィ・スフマーティと呼ばれる）。漬けこんだ腸に豚

牛肉と豚肉のソーセージミートを牛の盲腸に詰めてつくる、サラーメ・コット。

肉と網脂を詰めて乾燥させ、マッツィ・リピエニをつくることもある。

一般的な豚の腸の下方には、直腸や盲腸（バング）がある。盲腸は、イタリアの一部の地域ではクラーリと呼ばれている。メキシコのオビスポース——スペイン語で「枢機卿の帽子」の意——はハギスに似たソーセージで、チョリーソと臓物が豚の盲腸に詰められている。クラテッロ——「小さな肛門」を意味する俗語から親しみをこめてつけられた名前——は、豚の大腿部の肉を塩漬け・調味したあと、豚の膀胱《ぼうこう》に詰め、エミリアロマーニャ州の胞子や種子をたっぷりふくんだ空気のなかで熟成させる。ピエモンテ州のパレッタは、香辛料とベリー［食用小果実］で甘味をつけた塩水に漬けた豚肉を豚の膀胱に詰めたもの。カポコッロ［豚の首の後部から肩にかけての部位を使ったソーセージ］はイタリアの複数の州で製造されており、やはり豚の膀胱に充填される。

当然といえば当然だが、胃袋は申し分ない食物用容器になる。腸と同じく、胃袋もよくケーシングに利用される。スコットランドの郷土料理ハギスは、味つけした羊の内臓肉――レバーと肺だけにとどまらない――を、質素にオートミールでかさ増しして羊の胃袋に詰めた、大型のソーセージにすぎない。豚の胃袋もやはりソーセージのケーシングとして利用でき、イギリスのアーチン（まぶしたアーモンドスライスがハリネズミ［アーチン］のハリのように見えるため）や、ハンガリーのトルトット・マラツ・ギヨモルにもちいられる。後者は、皮、頬肉《ほほにく》、舌をふくむ豚の頭肉とひざ関節の肉に、ニンニク、コショウ、それに何にでも使われるパプリカで調味したフォースミートを詰める。(5) ピエモンテ州のブローンに似たサラミ、ビセコンは、ニンジンとセロリを加えて加熱した豚の頭肉を、豚の胃袋に充塡する。シナモンとナツメグが入ったトスカーナ地方のブラッドソーセージとブローンの合いの子、ガルファニャーナ・ビロルド［ガルファニャーナ風ビロルド］にもやはり豚の胃袋が使われる。このクロアチア版がスパイシーなスマルグルで、セルビア版がピフティエと呼ばれる。

イタリアのコッロ・ディ・ローチョ・リピエーノ、ポーランドのゲシャ・シュプカ・ファシエロヴァナ、スペインのクエリオ・ディ・ガンソ・レイェーノは、ガチョウの首の皮をていねいに肉と骨からとり除いて縫いあわせたものに、さまざまな味つけフォースミートを詰める。

ピエモンテ州のモナステーロ・ディ・ヴァスコ地方とモンドヴィ地方には、ウンブリア州と同じく、「ロバの睾丸」――地元方言では「バル・ダーゾ」――と名づけられたソーセージがあり、かつては実際にロバの肉が入っていた。現在は、牛肉と豚肉にハーブ、ナツメグ、赤ワインで調味し、長方形に縫いあわせた牛のトライプに詰める。

場合によっては、胃袋は——ケーシングとして食べることで——ソーセージのタンパク質になることもある。ドイツのザウマーゲンには、豚肉や牛肉も多少ふくまれるが、中身のほとんどはマジョラムとナツメグで濃く味つけしたタマネギやジャガイモなどの野菜である。

おそらくケーシングに利用された動物の胃袋の極めつけは、象の胃袋だろう。19世紀中頃、アフリカを探検したイギリスの人類学者で優生学者のフランシス・ゴールトンは次のように報告している。

ベアティーエと呼ばれる料理のつくり方は簡単だ。ハギスの一種で、血液、大量の細かくきざんだ脂肪、ごくやわらかい肉少々、それに細かく切るかちぎるかした象の心臓と肺からつくられる。この材料をすべて象の胃袋に詰め、火の前にひもでつりさげて焼く……コショウや塩などの調味料を使わなくても、とてもおいしいごちそうだ。(6)

網《もう》すなわち網脂（フランス語で「クレピーヌ」）は、腹部の臓器を包んで支えている網状の組織である。網状の組織のあいだに脂肪が閉じこめられていて、ソーセージを包むのに最適な素材になっている。加熱すると脂肪が溶けだし、肉をしっとりさせるのと同時に、強度のある薄膜がフォース

豚の臓物を包むための網脂をもちあげる、ル・コルドン・ブルーのシェフ。

ミートをしっかりまとめる。フランスでは、網脂に包んだソーセージをコアフ［白いレースの頭飾り］と呼ぶこともある。クレピネットはソーセージミートを平たいパティに成形し、網脂で包んだもので、ガイエットも同種の料理だが、こちらは丸く成形する。アトローは、パプリカと酢で味つけした豚の首肉とレバーに、卵をつなぎとして加えたガイエットである。プロヴァンス地方の豚肉のカイエットには、パン、卵、青野菜、ニンニク、タマネギ、パセリが入っている。シェフターリ・ケバブ――子羊肉、タマネギ、パセリを網脂に包み、グリルで焼いた円筒形のソーセージ――は、キプロス人の大好物だ。網脂に包むタイプのソーセージにはほかに、弾丸の形をしたブレットや、ウェールズのファゴット（ガイエットのように丸い形をしている）

がある。

このタイプのソーセージには長い歴史がある。プラティーナは15世紀に、網脂に包むエスクイム・エクス・イエコレ（チーズ、卵、干しブドウ、パセリ、マジョラムを加えたレバーソーセージ）のレシピを紹介している。[7] ピエモンテ州のガイエットやフリッセ・エ・グリーヴェにはレバーと肺が入っている。

アピキウスは、豚の子宮に詰めるブラッドソーセージのレシピを提案している。その約６００年後、ビザンツ帝国のコンスタンティヌス7世「ポロフュロゲネトス」（マケドニア王朝第4代皇帝）は、宮廷に仕える者全員の務めについてまとめた『儀式の書 *De ceremoniis*』を著した。この書は宮廷の厨房に、「子宮と神経」でつくるソーセージを用意することを義務づけている（純粋に学術的な意味以外に、10世紀に「神経」が何を意味したのかぜひ知りたいものだ）。ポーランドのクロメスキスは現在も、細かく切りきざんだ魚や肉を子牛の乳腺に包んでつくられるが、代わりにベーコンに包み、衣をつけて揚げることもある。

クー・ドワ（クー・ド・カナー）は、ガチョウやアヒルの首の皮に詰めたソーセージだ。ピエモンテ州では、首の皮にガチョウ肉と脂肪を充填してコッロ・ドカをつくるが、サラーメ・ドカには残りのガチョウの皮を縫いあわせたものを使う場合もある。東欧のヘルツェル（「偽キシュカ」）は、鶏の首の皮に味つけした小麦粉ペーストを詰める。

ピエモンテ州オッソラ地方のサラーメ・ディ・テスタ、リグーリア州のテスタ・イン・カサータ

ザンピーノ――ザンポーネと同じフォースミートをもちいるが、伝統的な豚足の代わりに縫いあわせた豚の皮に詰める。

は縫いあわせた豚の頭の皮に、また各種のザンポーネは、豚の前足の皮にそれぞれ詰められる。豚足のひざから下の皮は、リグーリア州のガンベット・ディ・マイアーレのケーシング（一度しっかり縫いあわせる）になる。これは、シナモンとナツメグが香る豚の肉と血のソーセージだ。

イカの胴もまた最適なケーシングになり、イカの肉詰めの多くがソーセージとみなされている。ヴェトナムのムック・ニョイ・ティットは、コショウと塩辛いヌクマム（魚醬）で調味した豚肉と春雨をイカに詰める。またスペインのカラマレス・レイェーノス・コン・モルシーリャは、イカの胴にブラッドソーセージが詰められ、イカの白色とブラッドソーセージの黒色の鮮やかなコントラストが目にも楽しい一品だ。

布袋に入れて熟成させるコッパ・ピカンテ

さらにクロッカー——ニベ科の魚——の浮袋は、韓国のオギョ・スンデのケーシングになる。

ソーセージのケーシングは動物由来のものである必要はなく、植物性の素材も利用できる。エルサルバドルのチョリーソ・サルバドレーニョは、メキシコのタマーレのようにトウモロコシの皮に包む（ただしタマーレにもちいる、ポレンタ［コーンミールを粥状に煮たイタリア料理］に似たマサ［トウモロコシの練り粉］は入っていない）。タマーレは、トウモロコシの皮に中身［マサのなかに香辛料とひき肉を入れたもの］を包み、5センチくらいの長さになるようにひもでしばってから、蒸して仕上げる。ヴェトナムのゾールアは、チャールアとも呼ばれ（細かくすりつぶした豚肉につなぎの片栗粉を加え、コショウ、砂

バナナの葉に包んだヴェトナムのソーセージ、ネムニンホア。

糖、ヌクマムで味つけしたソーセージ)、バナナの葉にきっちり包んだあと、1時間ほどゆでる。ヴェトナム戦争後、アメリカに移住したヴェトナム人は、伝統的な――だが手に入りにくい――バナナの葉の代わりにアルミホイルを使うようになった。アメリカではモスリン[平織りの薄い綿織物]の袋(黒コショウをふくませることもある)が、ヴァージニア州の「クロスボローニャ」を加熱・燻煙する際に包装材として利用される。イギリスでプディングを蒸すときに使われる袋、もしくは熟成中のハムの虫よけ用の袋からおそらくヒントを得たのだろう。

◉塩以外の結着剤(つなぎ)

塩はソーセージに欠かせないものかもしれないが――ソーセージの語源から考えてもた

しかにそうだが――、すべてのソーセージが肉にふくまれる塩溶性タンパク質ミオシンの働きによって固まるわけではない。カタルーニャ地方のブーダン（ブティファラ・ネグラ）やルイジアナ州のブーダンルージュ（フランスのブーダンノワールの子孫）はブラッドソーセージの一種だが、おもなタンパク質は筋肉組織（肉）で、血液は結着剤として使われているにすぎない。

イスラム諸国では、子羊肉が豚肉に代わってソーセージの原料になる。しかし子羊肉は、豚肉ほどにはミオシンによって肉片をしっかり結着できないため、場合によっては卵白にふくまれるアルブミンがもろい組織構造を安定した組織構造にするために使われる。デンプンもまた、同じ用途に利用できる。

パナーダ（パン粥）は、穀物にふくまれるデンプンがもつ増粘性［食品の粘性を増加させる性質］を利用した結着剤である。液体（クリーム、牛乳、ストック［煮出し汁］、ワインなど）で湿らせた何らかの穀類（パン粉や小麦粉、粗びき粉など）のペーストは、塩溶性タンパク質と同じ役割をはたす。ハギスに入れるオートミールはパナーダの一種と考えられ、ペンシルベニアダッチのスクラップルにはコーンミールが使われる。ドイツのバルケンブリー［豚の臓物をゆでてミンチにし、スパイスで味つけしてパンケーキ状に焼いたもの］にはオオムギ、そのオランダ版には小麦粉またはオートムギがつなぎとして加えられる。ピエモンテ州のブラッドプディングにはさまざまなデンプンがつなぎとして使われ、サングイナッチョ・コン・パーネには古くなったパン、マルツァパーネにはパン粉、サングイナッチョ・コン・パターテにはジャガイモ、そしてサングイナッチョ・コン・リゾにはコメが混ぜこまれる。

くずれやすいシーフードや家禽のムースは、つなぎに泡立てた卵白を加えて軽く仕上げる。アルブミンは液状のタンパク質で、加熱すると凝固する。サウス（ブローン）はソーセージの一種で、肉の小さなかたまりを、豚肉のストックを煮詰めてつくったゼリーで固め、スライスできるくらいの硬さにしたもの。肉——とくに結合組織が多いもの——を長時間ことこと煮込むと、コラーゲンが溶けて液状のゼラチンになり、冷めると固まる。煮汁にふくまれるゼラチンの量が十分に多ければ、アスピック［煮こごり］のような硬い組織構造が形成され、肉片をしっかりまとめる。ブローンは——アスピックをふくむどの料理とも同様に——熱を加えると肉を固めているゼラチンが溶けるので、必ず冷やして出す。

◉高級品になった質素なソーセージ

「質素な humble」という言葉の語源はまさしく臓物や内臓肉を指す「umbles」で、裕福な人々がこれらを珍重しなかったことから、農民の食べ物になった。ソーセージはもともと、動物のあらゆる部位を無駄なく使い切り、その賞味期限を延ばすための方法にすぎなかったが、農民にとっては、肉とその副産物を最大限に活かす調理法だった。古代の人々がソーセージに親しみ、アピキウスの時代にはすでにソーセージが金持ちの食卓に並んでいたことはわかっている。ルネサンス期になると、ヨーロッパ人はこの先祖のお気に入りの料理を再評価することになった。モルタデッラはすで

南フランスの伝統的な煮込み料理、カスレ。

に地方の有名な特産品になっており、15世紀にはプラティーナが古代ローマ時代のソーセージ、インシキアとの結びつきを指摘し、お墨付きを与えている。1世紀後、フランスの医者ルドウィクス・ノニウスはこう書いている。「現代において、豚肉はほかの肉より好まれている。脂肪、調味料とともに腸に詰めるソーセージは珍味とされている」(8)。ノニウスは、ソーセージそれ自体が美食家向けのごちそうになったことに驚いているようだ。

フランスのカスレ［肉やソーセージを加えた白インゲンマメの煮込み］やシュークルート・ガルニ［ザウアークラウトと肉やソーセージの煮込み］、ブラジルのフェジョアーダ［黒インゲンマメと肉やソーセージの煮込み］のような質素な料理――食べごたえがあり、安くておいしい農民の食べ物――は、世界中で定番の料理になった。豚肉、とりわけ豚肉ソーセージは、農民がその昔、キャベツやインゲンマメのような安価な材料を詰めていたソーセージの花形になって久しい。前述したもののほかに、ファバ・デ・ラ・グランハと呼ばれる大ぶりの乾燥白インゲンマメを使ったスペインのファバーダ・アストゥリアーナがある。このアストゥリアス地方伝統の煮込み料理には、チョリーソ（やロンガニーサ）、モルシーリャ、ベーコン、サフランが入っている。やはりスペインの農民料理オジャポドリーダは、ソーセージとインゲンマメ（またはヒヨコマメ）を何時間も煮込むので、最後にはソーセージとインゲンマメの区別がほとんどつかなくなる――それから「腐った煮込み」を意味するこの名がついた。

終章◉ソーセージよ、永遠に！

その昔、屠畜した動物のすべての部位を使い切るための効率的な料理にすぎなかった質素なソーセージは、現在、世界中の人々――ゲテモノ好きもそうでない向きも――に愛される料理へと変化を遂げた。H・L・メンケンはホットドッグとの愛憎関係についてたびたび新聞に書いているが、かつて、そのへんで売っているホットドッグがもっとほかのソーセージのような品質だったらよかったのにと述べたことがある。「ドイツにはアメリカの朝食用食品より多くの種類のソーセージがあるのに、そのなかに偽ソーセージが混じっているという話をこれまで一度も聞いたことがないからだ[1]」

腸詰めのサイズ、形、食感、味についてうっとりと語ってから、彼はこんな予言めいたことを書いている。

1950年代にアメリカの大手ソーセージメーカーのひとつだった会社の広告。もともとはイギリスの会社で、1827年に創業された。デンマーク、アメリカ、イギリス、オランダ、ロシアで人気の「ピッグ・イン・ア・ブランケット（毛布にくるまった豚）［小型のソーセージをパイ生地に包んで焼いたもの］」に注目。ドイツでは「ガウンを着たソーセージ」、イスラエルでは「契約の箱のなかのモーセ」と呼ばれる。

イリノイ州シカゴ、ホットダグズの「グルメ」ドッグ。
上：燻製ゴーダチーズをトッピングしたグリルド・アリゲーターホットドッグ。
下：いろいろな付け合わせをはさんだ定番のシカゴドッグだが、平凡な——しかしそれでもおいしい——ヴィエナビーフ［同名のメーカーのソーセージ］の代わりに揚げたケージャン風アンドゥイユを使っている。

あらゆる欲求、嗜好、機会にふさわしいホットドッグがあるべきである。想像しうるあらゆる種類のホットドッグが、ウスターソースからチャツネ［果物に香辛料、砂糖、酢を加えて煮たインドの調味料］にいたるまで、あらゆる種類のソースと薬味を添えて提供されるべきである……ホットドッグは芸術品の高みにまで引きあげられるべきなのだ。

この「ホットドッグ宣言」は、1929年11月4日付のボルティモアサン紙に掲載された。メンケンが十分に長生きしていれば、あらゆるソーセージ（ホットドッグだけでなく）の芸術的水準が飛躍的に向上するのを目の当たりにできただろう。今日、ソーセージは屋台でも、白いテーブルクロスがかけられたレストランでも同様においしいものが食べられる。ホットドッグ自体は、シカゴ（かなり本気でとり組んでいる地域）などではすでに芸術の域に達している。フランクンドッグズやホットダグズのようなホットドッグ専門店では、さまざまな種類の腸詰めが次から次へと提供されている。この現象の何がいちばんよいかというと――その創意工夫と洗練にもかかわらず――誰ひとりとして根本の真理を忘れていないことだ。その真理とは、世界中どこでも、いつの時代でも、ソーセージは安価でおいしい、とにかく食べて楽しい庶民の食べ物だということである。

謝辞

本書は多くの人々の専門知識と支援のたまものであり、彼らの助力なくしては刊行は実現しなかっただろう。本書のすぐれている点はすべて彼らの功績であり、いたらない点があれば、それは私の責任である。

まずケン・アルバーラに感謝しなければならない。アルバーラはあらゆる料理に精通した歴史家で、人に説くことをみずからも実行する人である。ジェレミー・フレッチャーに紹介してくれたのもアルバーラで、フレッチャーは膨大な数にのぼる中世およびルネサンス期のソーセージのレシピを収集・翻訳してくれた。また料理学校カリナリー・インスティテュート・オブ・アメリカの元同僚からも、信じられないくらい多くのことを教えてもらった。彼らの料理に関する経験と寛大な精神はつねに私の期待を上回るもので、とくにボブ・デル・グロッソは、シャルキュトリーづくりではもはや名人級である。

シンシア・バーテルセン、ウォーレン・ボブロー、アレッサンドロ・モンレアーレ、グレース・パイパー、カレン・レスタ、スコット・ステゲンが快く写真を提供してくれなければ、本書はここまで見栄えのよいものにならなかっただろう。くわえてさまざまな図書館の協力がなければ、この本を完成させることは不可能だったにちがいない。カリナリー・インスティテュート・オブ・アメリカのコンラッド・N・ヒルトン図書館、ニューヨーク州立大学ニューパルツ校のソジャーナ・トゥルース図書館、それにニューヨーク公立図書館では、多くの生産的な時間を過ごした。

ジュディス・ジョーンズ、アン・メンデルソン、ブルース・クレイグ、アンドリュー・スミス、そしてアソシエーション・フォー・ザ・スタディ・オブ・フード・アンド・ソサイティ（食と社会の研究学会）の多くのメンバーにも、多大な貢献をしてもらったことにお礼を言いたい。自分で答えが見つけられなかったとき、彼らは必ずそれを教えてくれた。

リック・ケリーは、アメリカ先住民のブラッドソーセージにはじめて目を向けさせてくれ、いっぽうデボラ・ベグリー、タマラ・ワトソンはすばらしい料理とワインをしきりに勧めてくれただけでなく、もてなし方もウィットと知性に富んでいた。アーロン・レスターとケイト・クレイチは――菜食主義者であるにもかかわらず――シカゴ（詩人のサンドバーグが「巨大なホットドッグの都市」と呼んだのももっともな場所）での私の活動に手を貸してくれた。

ほかにもここで名前をあげて感謝の気持ちを伝えたい人々がたくさんいるが、全員を紹介するためには本書の第2巻が必要になるだろう。そうはいっても、妻カレンの貢献を認めないほど私は愚かではない。カレンの支援と、私に対するしごく当然な不審の念によって鍛えられた皮肉たっぷりのユーモア（そして食卓にどんな奇妙な食べ物が出てこようと、とにかく試してみようという一見すると相いれない意欲）が、この本を世に送りだしてくれた。さしあたって当分は、妻が毎日ソーセージを食べなくて済むことをここに謹んで約束したい。

訳者あとがき

ソーセージといえば、日本なら、フランクルトソーセージやウィンナーソーセージ、それに赤いビニールのケーシング（皮）に入った魚肉ソーセージ、また最近ならスパイシーなチョリーソあたりがおなじみだろうか？

だがソーセージがおそらく原始時代からつくられていたであろうヨーロッパには、日本人にはちょっと信じがたいほどおびただしい種類のソーセージがあり（ドイツだけで約１５００種類！）、じつに多彩で豊かなソーセージづくりの伝統が脈々と受け継がれている。

本書『ソーセージの歴史』は、ソーセージの定義から、その起源と発達、製造方法、風俗、さらには、人類の移動とともにソーセージがヨーロッパから世界中に広まっていった経緯について、世界各国の多種多様なソーセージを紹介しながらくわしく解説していく。

太古の昔、人類が狩猟によって大形動物を手に入れられるようになると、腐りやすい肉をいかに長く保存するか試行錯誤する過程で、塩漬け、燻製、乾燥などの加工法が考案されていった。くわえて、苦労して捕った獲物を余すことなく使い切る方法としてソーセージが誕生したといわれる。

動物の胃や腸を「容器」として利用すれば、くず肉や内臓、血の一滴さえも無駄にしないで済んだ。つまりソーセージは、まさに人類の「もったいない精神」から生まれた発明品だったのである。

ソーセージの最古の記録は紀元前３０００年頃のエジプトの壁画で、そこにはいけにえにした牛の血でブラッドソーセージ（血を原料にしたソーセージ）をつくるようすが描かれている。そして文字による最古の記録は、ギリシアのホメロスが著した叙事詩『オデュッセイア』（紀元前8世紀頃）で、そのなかにやはりブラッドソーセージについての記述がある。

捨てるような部位でつくるソーセージはおもに庶民の食べ物だったが（それはいまも変わらないが）、古代ローマ時代には、舌の肥えた金持ちをもうならせる料理として、アピキウス（当時の有名な美食家）の料理書にも登場するようになる。この頃にはすでに、ソーセージはさまざまな動物の肉や部位、香辛料を使ってつくられており、それは時代を下るに従ってさらにバラエティに富んだものへと進化していく。

ソーセージは経済的で実用的、そのうえ美味で栄養価も高く、保存食としてもすぐれているなど、まさにいいことづくめの食べ物のように思えるかもしれない。だがその半面、「得体の知れない」肉（原料）を使っているというマイナスのイメージもつねにつきまとい、古くからさげすみやあざけりの対象にもなってきた。また男根に似たその形状から下品なジョークのネタにもされてきたが、この類のジョークなら日本でもおなじみだろう。

本書では、本文中はもちろん巻末の付録においても、ドイツ・フランス・イタリアのような「ソーセージ大国」をはじめとする世界各国のソーセージが紹介されている。使われる肉の種類や部位、臓物、香辛料、調味料、ケーシング等の組み合わせによって、バリエーションはほぼ無限かと思われるほどで、ソーセージの世界がじつに奥深いことに読者はきっと驚くにちがいない。

だがなんとも残念なことに、日本にはソーセージづくりの伝統がないという。著者は、日本のソーセージ発祥の地として、第1次世界大戦中に俘虜《ふりょ》収容所があった習志野について触れている。ここに収容されていたドイツ人捕虜のなかにソーセージ職人がおり、この人物がソーセージの製法を日本に伝えたのが、日本のソーセージづくりのはじまりだそうである。

本書『ソーセージの歴史 *Sausage: A Global History*』は、イギリスの Reaktion Books が刊行している「The Edible Series の一冊である。このシリーズは２０１０年、料理とワインに関する良書を選定するアンドレ・シモン賞の特別賞を受賞している。

本書の訳出にあたっては、原書房の中村剛さん、オフィス・スズキの鈴木由紀子さんにこの度もたいへんお世話になりました。心よりお礼を申し上げます。

２０１６年９月

伊藤　綺

写真ならびに図版への謝辞

図版の提供と掲載を許可してくれた関係者にお礼を申し上げる。

Gary Allen: pp. 15, 118, 129, 133下, 154; William Avery: p. 41; Cynthia Bertelsen: pp. 13, 35上, 39, 62, 63, 136, 143; © The Trustees of the British Museum, London: p. 74; Jdvillalobos: pp. 60, 97; Steve Evans: p. 105; hongnhung106: p. 106; iStockphoto: p. 6 (Lauri-Patterson); kallerna: p. 20; Library of Congress, Washington, DC: p. 111; Alessandro Morreale: pp. 16, 35下, 59下, 140, 145, 146; André Mouraux: p. 9; National Gallery of Art, Washington, DC: p. 114; Véronique Pagnier: p. 65; Alefirenko Petro: p. 131; Grace Piper: p. 112上; Collection of Karen Resta: pp. 22, 29, 92; Mo Riza: p. 103; Salimfadhley: p. 8; Seydelmann: p. 115上; Scott Stegen: pp. 59上, 133上; Shutterstock: p. 150 (Dulce Rubia); Southern Arkansas University: p. 88; Takeaway: p. 104; Thelmadatter: p. 96; Vinhtantran: p. 147.

世界各地のソーセージ

◉イタリア

イタリアのどの地方にも自慢のソーセージがある。さまざまな州の代表的なソーセージを一部紹介しよう。

アブルッツォ州の人々はレバーを好み，まったく異なる2種類のレバーソーセージ，フェーガト・パッツォとフェーガト・ドルチェを製造している。前者――「狂ったレバー」――は辛口のレッドチリ入りで，後者は蜂蜜で甘味をつけたスモークド（燻製）ソーセージである。フィアスケッタ・アクィラーナは，平たい西洋ナシ（または「フラスコ」）の形にプレスされたソーセージ。コリオーニ・ディ・ムロ（モルタデッラ・ディ・カンポトスト［カンポトスト村のモルタデッラ］）は，ほかのどのコリオーニにもモルタデッラにも似ていない。四角いラルド［イタリア語で「ラード」の意。豚の脂肪に塩をすりこみ熟成させたもの］が飾りとして中心に入っており，どこをスライスしてもソーセージの丸い形の真ん中にラルドの白い四角形が入る。ヴェントリチーナ・ヴァステーゼはヴァスト地方のチリ入り豚肉サラミで，地元産のワイルドフェンネルの香りが強く，いっぽうグイルミ地方のヴェントリチーナ・ディ・グイルミには，よい香りのするオレンジの皮が混ぜこまれている。

プーリア州のチェルヴェラータ・プリエーゼは，牛肉，ヤギ肉，羊肉または子牛肉（もしくはこのうちのいくつかを組みあわせたもの）に，バジル，ニンニク，匂いの強い乾燥チーズを加えてつくる生ソーセージだ。羊腸に詰め，鎖状にねじらず長いままコイル状にする。サルシッチャ・サレンティーナ・オ・ディ・レッチェは，レモンの皮で風味づけし，白ワインでしっとりさせた，短く丸々とした形の生ソーセージ。燻製ソーセージのサルシッチャ・プリエーゼには，コショウの実とフェンネルシードが混ぜこまれている。サングイナッチ・ディ・レッチェは甘くないブラッドプディングで，脳と香りのよいハーブが入っている。細長いツァンピッティは，子羊肉，豚肉または子牛肉にレッドチリをたっぷり加え，羊腸に詰めたサラミである。

不思議なことに，バジリカータ州（旧称ルカニア地方）でつくられるソーセージには，「ルカニカ」または「ルガーネガ」と呼ばれるものがひとつもない。サルシッチャ・ペツェンテまたはペツェンテ・バジリカータ（「乞食のソーセージ」）には，もっと高価なソーセージには使われないくず肉や臓物が詰められ，フェンネルシー

ドやレッドチリで強く味つけされる。

カラブリア州の料理の伝統は，ギリシア，ローマ，アラブの料理の影響が融合したもので，それにくわえてトマトやチリなどの新大陸の食材をたっぷり使うことが特徴である。カラブリア州のチェルヴェラータにはレッドチリが大量に入っていて，それはサルシッチャ・ディ・カラーブリアも同様で，こちらは燻煙してから乾燥熟成させる。ンドゥイヤにもやはりチリが混ぜこまれているが，これは豚のレバー，肺，それにたっぷりのやわらかな脂肪でできたスプレッドタイプのソーセージで，ドイツのブラウンシュヴァイガーのイタリア版である。

カンパニア州の生ソーセージ，チェルヴェラティーナ（「小さな脳入りソーセージ」）には実際に脳はふくまれていないが，おそらく大昔には使われていたのだろう。現在は，辛口のレッドチリが入っている。同州のモッツァリエーロは，弾力のある歯ごたえが特徴のチーズの名前［モッツァレラ］に似ているが，スパイシーなナポリ風ポークソーセージである。

エミリアロマーニャ州では，もっともなことだが，ボローニャ地方のモルタデッラが遅くとも14世紀から広く知られている（モルタデッラのレシピは『14世紀の料理書 *Libro di Cucina del Secolo XIV*』に登場する）。そのなめらかなフォースミートには，白い豚脂の角切りと，場合によってはピスタチオが混ぜこまれる。ピアチェンツァの豚肉サラミ，マリオーラのかすかな麝香（じゃこう）の香りは，なかに加えられたキノコによるもの。フェラーラの特産品，サラーマ・ダ・スーゴは，基本はカポコッロのつくり方に似ているが，さらにレバー，舌にくわえ，パンチェッタ（豚バラの脂肪）とラルド・ディ・ゴーラ（首の脂肪）の2種類の脂肪，赤ワイン，スイートシナモン，クローヴをが混ぜこまれる。チャーヴァール（サルシッチャ・マータ「狂ったソーセージ」）――豚の肉と臓物にサンジョヴェーゼ種の赤ワインを加え，網脂に包んだもの――は，生またはオリーブオイル漬けが販売されている。

フリウリ＝ヴェネチア・ジュリア州のアルプス地方には，典型的な「イタリア料理」とは異なる料理の伝統がある。その地理的位置は，オーストリアと東スラヴ地域の料理との密接な関係を示している。チェヴァピチ（チェヴァプチチ）は牛肉，豚肉，子羊肉を原料に，チリをピリッときかせた腸詰めされていないソーセージだ。マルクンデーラは，豚の臓物（脾臓，腎臓，レバー，肺）をニンニクとワインで味つけし，網脂で包んだもの。同州のフリウリ地方のムゼットには，シナモン，クローヴ，コリアンダーシードでマイルドに風味づけした豚の頭肉とすね肉が使われる。

ラツィオ州のローマの豚肉はハムやベーコンに加工されることのほうが多いが，ソーセージも多少製造されている。ヴィテルボ・スジアネッラ――心臓，レバー，膵臓，パンチェッタ（イタリア式豚バラ肉の生ベーコン），グアンチャーレ（豚の

頬肉を塩漬けし，表面にセージをすりこんだ，燻煙しないベーコン），臓物が入っている――は，エトルリア時代にまでさかのぼるといわれる（同時代の文書記録がなく，さらにエトルリア時代にはなかったレッドペッパーが使われていることから，歴史的信憑性は低い）。モルタデリーナ・アマトリチャーナは，伝統的なボローニャソーセージを軽く燻煙したもので，中心を貫くように長方形の脂肪が1本入っている。サルシッチャ・ディ・モンテ・サン・ビアージョ――新大陸原産のチリと，コリアンダー，オレンジの皮，干しブドウで味つけした生ソーセージ――からは，イスラム圏の中東との料理上のつながりが見てとれる。また瓶詰で売られるサルシッチェ・ソットーリオは，ニンニク，フェンネル，ナツメグ，レッドチリで調味し，風乾したのち油に漬けて熟成させる。

リグーリア地方の人々はつましく，フリーゼ（ジュニパーベリーで風味づけした豚の臓物をパティに成形し，網脂でしっかり包んだソーセージ）や，ほかのソーセージを製造したあとに残る豚のくず肉を使った粗びきタイプのサラミ，モスタルデッラなどをつくっている。もっとぜいたくなものにはサラミーノ・ディ・アニメーレ・エ・サング・ディ・マイアーレがあり，これは豚の血液と胸腺（スイートブレッド）の生ソーセージで，牛乳，加熱したタマネギ，松の実が混ぜこまれている。

ロンバルディア州のコッパ・ショーチェトゥナ（酔っ払いコッパ）［コッパは豚の後頭部から肩にかけての部位を使ったソーセージ。カポコッロも同様のソーセージ］は，ニンニク，塩，スパイスを加えた赤ワインに漬けこんだあと，豚腸に詰められる。コテコットは調理済みコテキーノで，たいてい豚肉でつくられるが，牛肉や馬肉が使われることもある。ミラノ近郊で製造されるロンバルディア版ルガーネガ，ルガーネガ・ディ・モンツァには，マルサラワイン［シチリア島マルサラ産の酒精強化ワイン］とグラナパダーノチーズ［ポー川流域で生産される牛乳からつくるハードチーズ］が加えられる。

マルケ地方のチャウスコロはやわらかなスプレッドタイプのソーセージで，豚の脂肪と切り身にニンニク，ジュニパーベリーで味つけし，ヴィンコット（濃縮ブドウ果汁）で甘味をつけたのち腸詰めし，軽く燻煙する。チャウスコロという名前は，古代ローマ時代の前菜または軽食を意味する言葉に由来する。非常に濃厚（脂肪分が50パーセント）なため，一度にたくさんは食べられないので，カナッペのようにパンに塗って食べる。イタリアではふつう，豚の「コッパ」［後頭部から肩にかけての部位］の上等な肉でコッパをつくるが，マルケ地方南部のサルメリア［食肉加工品販売店］は，くず肉で伝統的なコッパ・ディ・アスコリ・ピチェーノを製造している。このソーセージは，軟骨，耳，皮，鼻，舌をゆで，シナモン，ニンニク，ナツメグで調味し，アーモンド，ピスタチオ，クルミを混ぜこんでつくられる。コッ

パ・ディ・テスタは，豚の頭部のくず肉——頭骨と脳以外すべて——を利用した頭肉の煮こごりソーセージ。肉をブローンほど細かくきざまないので，スライスすると耳の断面がはっきりと見える。うれしいことに，オレンジの皮とレモン汁がとてもよい香りをかもしだしている。マッツァフェガッティはレバーソーセージで，松の実が入った甘くないタイプと，オレンジの皮と砂糖が入った甘いタイプとがある（生ソーセージとドライソーセージの2種類が売られている）。そのまま食べられる粗びきタイプの非加熱ソーセージ，サルシッチャ・トラディツィオナーレ・ディ・ファブリアーノは，ニンニクをきかせた牛肉とパンチェッタからつくられる。

モリーゼ州のスプレッドタイプのヴェントリチーナ・ディ・モンテネーロ・ディ・ビザーチャは，豚の足肉に脂肪，フェンネルフラワー，パプリカを混ぜ，豚の膀胱に詰めたソーセージで，溶かしたラードで表面をおおって1年間熟成させる。サルシッチェ・ディ・フェーガト・ディ・リオネーロ・サンニーティコ——たいていは脂肪分の少ない豚肉に，脂肪と臓物（名前に「フェーガト〈レバー〉」とあるが，それ以外も）を加え，チリとニンニクで味つけするサラミ——は，軽く乾燥させたあと，表面をラードでおおって保存する。

ドガネーギン（牛肉ソーセージ）とルガネーギン（発音的にルカニカと関連がある）はともに，ピエモンテ地方ではソーセージの総称である。この地方のモルタデッラ，モルタデッラ・ディ・フェーガト・コッタはノヴァーラで生産され，これはボローニャ地方のモルタデッラより小型で，蒸して仕上げる。燻煙したものはフィディーギンと呼ばれる。1848年に制定されたイタリア統一以前のルベルト憲法は，ソーセージは豚肉をふくまなければならないという条項に例外を設け，ピエモンテ地方に牛肉のみのサルシッチャ・ディ・ブラを製造し，近隣のユダヤ人コミュニティに販売することを認めた。現在，このサラミには若干の豚の脂肪が入っている。ガーヴィ・テスタ・イン・カセッタはブローンの一種で，牛の心臓と脂肪の少ない豚肉にレッドチリで味をつけ，松の実を混ぜこむ。トリノのヴァッリ・ヴァルデージ・ムスタルデッラはピエモンテ地方のブラッドソーセージで，その甘酸っぱい味はシナモン，クローヴ，ナツメグによるものである。

サルデーニャ島の，ブローンをプレスしたようなテスタ・イン・カセッタにはきざんだ豚の皮が混ぜこまれていて，独特な食感が楽しめる。レモンの皮，ナツメグ，コショウ，度数の高いアルコール（グラッパやウィスキー）で味つけされ，必ず新鮮なうちに食される。

シチリア島の豚の多くは自分でドングリやベリーなどをあさって食べるので，脂肪分の少ない深い味わいの肉質になる。ソーセージはおそらく，3000年以上前にギリシア人がこの島にやってきた頃からつくられていたと考えられる。シチリア人

の豚肉好きは，イスラム教徒がこの島を占領した9世紀から11世紀にかけて一時的に妨げられたが，アラブの味はいまもシチリア料理に影響を与えている（シナモン，オレンジ，サフラン，それに松の実と干しブドウの組み合わせは，イスラムの料理文化の名残である）。シチリア島の代表的なソーセージ――スプリサート・ディ・ニコジーア［豚の肩肉や首肉を原料に，灰でおおって熟成させるサラミ］やウ・スペサート［上等な豚肉を原料に，木の棒でプレスして乾燥熟成させるサラミ］など――はたぶん，イングランド王ウィリアム1世（征服王）のいとこ，シチリア伯ルッジェーロ1世がイスラム王朝のファーティマ朝からこの島を解放した1061年直後からつくられるようになったのだろう。

もっとも有名なトスカーナ地方のサラミはおそらくフィノッキオーナだろう。代表的な材料は地元産のワイルドフェンネルシード［フェンネルはイタリア語で「フィノッキオ」］だが，ロングペッパー（ヒハツ。学名 *Piper longum*）と赤ワインも入っている。トスカーナ地方のテスタ・イン・カセッタはサルデーニャ島のものとはかなり違っていて，レモンの皮もアルコールも入っていないが，辛口のレッドチリ，ローズマリー，スイートシナモン，クローヴ，メースが加えられる。さらに松の実ときざんだ甘口のレッドペッパーを混ぜこんだのち，人工ケーシングに充塡し，煮て仕上げる。ブローンとブラッドプディングの合いの子，ガルファニャーナ・ビロルドは，シナモン，クローヴ，ナツメグ，スターアニス（八角），ワイルドフェンネルなどの甘口のスパイスで軽やかに味つけする。それに対しピサのマレガート［ブラッドソーセージ］は，強めの味つけがされる。シエナのブラッドプディング，ブリーストは，黒っぽい色をしたなめらかな食感のソーセージで，真っ白な脂肪の大きめのかたまりが混ぜこまれている。「ブリースト buristo」という名前は，ドイツのブラッドソーセージ「ブルートヴルスト Blutwurst」をイタリア風に短くしたもので，5世紀の初代イタリア王オドアケルは，一部の記述には「ゴシック」すなわち「ドイツ人」だったと書かれている。トスカーナの人々はイノシシ肉（チンギャーレ）が大好物で，この地方周辺でつくられるサラミにも使われている。サンジミニャーノのイノシシ肉サラミは，松の実とピスタチオが入っているのが特徴である。

チロル地方の料理は，イタリアとドイツ両方の料理を思わせる。そのブラッドソーセージ，バルドナッツィオ・サングイナッチョ（ブルースティ）は，ドイツ料理に特徴的な甘酸っぱい味つけがされている。チロル地方の人々はまた，ドイツ人と同様に燻製肉も好む。今日のホットドッグの祖先，フランクフルター・ヴルステルは13世紀から製造されており，豚と子牛の細びき肉を腸詰めし，燻煙して仕上げる。トレント周辺のヴァッラガリーナ地区のプロブーストも同様のソーセージだが，香辛料にはシナモン，クローヴ，メース，パプリカが使われる。カミンヴルスト（サ

ラミーノ・アフミカート［燻製サラミ］）は，その独特の味わいを生みだしているクミンシードを意味するドイツ語名がつけられている。サルシッチェ・デル・トレンティーノのようなこの地方の生ソーセージにも，ドイツの嗜好――クミン，セイヨウワサビ，ナツメグなど――がとり入れられている。

ウンブリア州のコリオーニ・ディ・ムロ（「ラバの睾丸」）は，豚の足肉と肩肉を原料に，四角いラルド――塩と香辛料をすりこみ熟成させた豚の脂肪――が飾りとして中心に入った中型の卵形のソーセージだ。

ヴァルダオスタ州の冷涼なアルプス山麓地方の料理は，隣接するフランスとスイスの料理の影響を受けて，猟鳥獣肉（カチャトーレ・サウゾス「スイスの猟師風ソーセージ」）やイノシシ肉サラミ）や乳製品，より繊細な調味料が多用される。この地方のサラミにボンボコンがあり，これは赤ワインが入ったドライソーセージで，フランスの市場でよく見かけるタイプのソーセージである。ブーディン・サラーメは加熱したジャガイモを混ぜこんだブラッドソーセージで，小型のサルシッチェ・デッラ・ヴァルダオスタは，シナモン，ナツメグ，ワインで風味づけされる。

ヴェネト州の砲弾形のボンディオーラにも赤ワインが使われており，豚の膀胱に詰めてひもでしばる。各地方にさまざまある同様のソーセージもこの製法でつくられる。ボンディオーラ・ディ・アードリアは基本のレシピに子牛肉が加えられ，燻製にしたものはボンディオーラ・アフミカータと呼ばれる。ボンディオーラ・ディ・トレヴィーゾには細かくきざんだベーコンの皮が混ぜられ，塩漬けにした豚の舌を飾りとしてまるごと入れることもある。ルガーネガ・ディ・トレヴィーゾは14世紀から生産されており，シナモン，クローヴ，コリアンダー，メース，ナツメグで味つけされ，細かくひくかすりつぶしたパンチェッタでコクを出している。

◉フランス

フランスの文化および料理の地方区分は，現代の行政区分とは一致しないので，県名にもとづいて述べないほうが理にかなっているだろう。

フランス南西部，ボルドーの小型のルーカンカはスパイシーなソーセージで，クリスマスにはグリルで焼いて生ガキとともに出される。ブルゴーニュ地方の優雅なジュドリュはコニャック，ナツメグ，トリュフで味つけされ，田舎風のソーシソン・ド・リヨン［リヨン風ソーセージ］は，コショウの実が粒のまま混ぜこまれたニンニク風味のドライソーセージだ。

シャンパーニュ地方のアンドゥイエット・ド・トロワ［トロワ風アンドゥイエット］は，トライプと豚肉を使った粗びきタイプのソーセージで，以前は子牛肉も入っ

ていた（BSEすなわち牛海綿状脳症の恐れから，これらのソーセージに子牛肉を使うことが禁じられるまでは）。ブーダン・ブラン・ド・ルテル［ルテル風ブーダンブラン］はEU法の保護のもと，いかなるデンプンもいっさい加えず，卵と牛乳のほか，豚肉，子牛肉または鶏肉だけでつくられる。

プロヴァンス地方のソーシソン・ド・トロー［雄牛のソーセージ］は，カマルグ湿原地帯［フランス南西部ローヌ川下流の三角州］で飼育されるカマルグ雄牛の脂肪の少ない肉を少なくとも60パーセントふくんでいなければならない。ソーシソン・ド・プロヴァンス［プロヴァンス風ソーセージ］はキャトルエピスと砂糖が入った燻製ドライソーセージで，コショウの実が粒のまま混ぜこまれており，いっぽうドライソーセージのソーシソン・ダルル［アルルソーセージ］は，豚肉と塩だけでつくられる。

アルザス＝ロレーヌ地方は幾度かドイツ領になった歴史があり，ドイツの影響がワインのスタイルからソーセージの種類にいたるまで料理のあらゆる側面に見られる。アルザス地方のブラッドソーセージ，シュヴァルツヴルストはブルートヴルストのフランス版である。ソーシス・クロカント［クロカントは「パリッとした」の意］は，豚肉と牛肉でつくるクミン風味の丸々としたソーセージで，ときどきクナックヴルストと表示されてフランスの市場で売られている。ソーシス・ド・ストラスブールは，ソーシス・ド・フランクフォールとも呼ばれ，断続的にドイツ領になったアルザス地方の都市（ストラスブール）と，ドイツの都市（フランクフルト）にちなんだ名前がついている（ソーシス・アルマンド「ドイツ風ソーセージ」と呼ばれることもある）。細びきタイプのソーセージで，コリアンダー，メース，白コショウで味つけされる。

◉イギリス

イギリス，イングランド地方には，セージで風味づけしパン粉をつなぎに使ったリンカンシャーソーセージ，メースとセージ，もしくはショウガかパセリで味つけするウィルトシャーソーセージ，カイエンヌペッパー，メース，ナツメグ，黒コショウで調味するヨークシャーソーセージ，さらにリンゴ，セージ，スクランピー（アルコール度数の高いリンゴ果汁醗酵飲料）が入った西部地方のちょっと変わったソーセージなどがある。カンバーランドソーセージは，豚の粗びき肉に黒および白コショウだけで味つけし，たいていは鎖状にねじらず長いまま売られる。このソーセージは500年も前からカンバーランド［イングランド北西部の旧州。現在はカンブリア州の一部］の名産品で，2011年からはEUの原産地名称保護制度によって，シャ

ンパン［フランス，シャンパーニュ地方産の発泡性白ワイン］やパルミジャーノ＝レッジャーノ［イタリア，エミリアロマーニャ地方産のチーズ］と同じ，もっともきびしい基準をクリアした製品に認定されている。

グロスターオールドスポットソーセージは，地名ではなく，原材料の豚の品種からその名がついた。放し飼いのグロスターオールドスポット種の肉は，今日一般的な脂肪の少ない豚肉より脂肪含有量が多いので，よりジューシーで風味豊かなソーセージができる。

スコットランドのレッドプディングは，調味したフォースミート（ベーコン，牛肉，パン粉，脂肪，ポートワイン）を腸詰めせず太いソーセージ状に成形し，衣をつけて揚げたもの。これとはまったく別物の，豚肉だけでつくったレッドプディングもある。こちらは赤く着色した人工ケーシングに充填されて売られており，スライスしてフライパンで焼く。スコットランドでは伝統的に，それにブラックプディングを添えるか，もしくはブラックプディングの代わりに朝食に出される。

◉西ヨーロッパのほかの地域

まずヨーロッパ北西部に目を向けると，アイスランドにはその寒冷な気候にふさわしい脂肪含有量の多いブラッドソーセージ（ブロウズミョール）と，血液とレバーのソーセージ（スラウトゥル）がある。アイスランドは豚肉生産には向いていないので，ソーセージは大部分が子羊肉を原料とする（ブロウズミョールには，牛脂が豚脂の代わりに利用される）。太いソーセージのピューゲは馬肉，子羊肉，豚肉少々からつくられる。アイスランド語の「ピルサ」はソーセージの総称で，アイスランドの人々にもっとも人気のある腸詰め，ホットドッグを指す場合が多い。

ノルウェーのプルセもフランクフルトに似たソーセージで，それを燻製にしたユールプルセは丸々としたソーセージで，白色のものと赤色のものがあり，ふつうはクリスマスに出される。ノルウェーのソーセージの多くは強めに燻煙され，原料にはヤギ肉，馬肉（フォーレモル，フォーレプルセ，フォーレスナップ，ハウグプルセ，ハウグトゥッサ・フォーレプルセ，ソグネモル・ギルデ，ソルフファクス・スタッブル，ソグネコルヴ・ギルデ，ティーリトゥンガ，トップン，トゥロンデルモル），子羊肉や羊肉，ムース肉やトナカイ肉（ララルシュナブ・ギルデ，ラインローセ・レインスデュアプルセ）が利用される。臓物（心臓，レバー，肺）と血液はよく使われる材料である。ノルウェーとスウェーデンでは，ソーセージのつなぎにジャガイモを加えることが多い（スウェーデンの燻製ソーセージ，イステルバンドにはオオムギが入っている）。

スウェーデンでは，ソーセージはふつうコルヴと呼ばれ，ドライソーセージ（スピッケコルヴ）かセミドライソーセージ（ハシャルスメッヴルスト，イステルバンド，レークトメッヴルスト）が一般的である。肉とジャガイモでつくるファールコルヴは，4世紀前，スウェーデンのファールン銅山で働くために移住してきたドイツ人労働者が考案した。

ムスタマッカラ［黒ソーセージ］のようなフィンランドのブラッドソーセージ（ヴェリマッカラ）は，400年以上前からつくられている。ほとんどのブラッドプディングと同様に，穀類がつなぎに使われ，フィンランドではライムギがもちいられる。大半のブラッドソーセージとは異なり，ゆでずに焼いて，コケモモのジャムを添えて食べる。フィンランドのソーセージにはほかに，ジャガイモ（ペルナマッカラ）やオオムギ（リューニマッカラ）をつなぎに使うものもある。

ラウアンタイマッカラはきめの細やかなモルタデッラタイプのソーセージで，リヨンで生産されるよく似たフランスのソーセージからその名がついた。シスコンマッカラはやわらかくなめらかな食感の生ソーセージで，ほとんどの場合ケーシングに詰めずに，くずしてほかの料理に利用される（メキシコのチョリーソと同じように）。その名前はフランス語の「ソーシス saucisse」からドイツ語の「ザオジヒェン Sausichen」を経由し，複雑な経路をたどって変化を遂げた。

プルセは，ノルウェーと同様にデンマークでもソーセージを意味する。プルセヴォーンはホットドッグ屋台のことで（カフェフードコールド「足が冷たいカフェ」というぴったりの愛称で呼ばれている），デンマークのいたるところで見かけるスカンジナビア風ホットドッグ，ロデプルセ［赤いソーセージ］が買える。メディースタプルセは，鎖状にねじらない長いままの生ソーセージで，たいていオールスパイス，クローヴ，タマネギ，黒コショウで味つけされる。これはポーランドのキェウバサのデンマーク版だが，ニンニクは入れない。

北海沿岸低地帯――ベルギー，ルクセンブルク，オランダ――にもやはり，独自のソーセージの伝統がある。ベルギーのソーシス・ド・シューには，当然ながらキャベツ［フランス語で「シュー」］が入っており，マジョラム，タマネギ，砂糖で調味される。ベルギーのブラックプディング，ブルートウォルストにも甘口のスパイス，シナモンが加えられる。フランスの近隣諸国と同じように，ベルギーにもブーダンブランとブーダンノワールがあるが，独自のブーダン・リエージュもあり，これはたっぷりの新鮮なハーブ（パセリとタイム）とミルポワ（さいの目に切ったセロリ，タマネギ，ニンジンなどの香味野菜）が入った白いソーセージである。

ブラートヴルストタイプのレッツェブルク・グリルヴュルシュト（「ルクセンブルク風グリルソーセージ」）は，かつてはチューリンガーと呼ばれていた（この名

前は現在，ドイツ中部のチューリンゲン地方でつくられるソーセージに使われている）。トレイープンは甘口のソーセージで，豚の臓物，くず肉，血液に，キャベツとパン粉をつなぎに加え，キャラウェイと蜂蜜で味つけする。ゆでてからフライパンで焼き，アップルソースを添えて食べる。

風乾して仕上げるオランダのメットウォルストはドローグウォルスト（「ドライソーセージ」）とも呼ばれ，南アフリカに伝わってドローヴォルスになり，豚肉が北海沿岸低地帯には生息しない種類の猟鳥獣の肉に置き換えられた。ドイツのメットヴルストに発音こそ似ているが，関係はない。同じように，オランダのブラートウォルスト（「ローストソーセージ」）もドイツのブラートヴルストとは別物だが，まぎらわしいことに，ドイツのブラートヴルストはオランダでブラートウォルストと呼ばれることがある。もうひとつの呼び方，ドイツェブラートウォルスト——ドイツ風ブラートウォルスト——のほうはまだわかりやすい。

オランダ人の大好物ロークウォルスト（燻製ソーセージ）はボローニャやホットドッグのようななめらかな食感のソーセージだが，馬蹄（ばてい）形をしている。味つけもかなり異なっていてイタリア南部のソーセージに似ており，ニンニク，フェンネルシード，オレガノ，レッドペッパー，ワインヴィネガーが使われる。伝統的な製法で肉屋がつくるロークウォルストは天然腸に詰められるが，量産品はコラーゲンのケーシングに充填され，時間のかかる燻煙工程に代わって燻煙液と防腐剤がもちいられる。生ソーセージタイプは食べる前にじっくり煮る必要があるが，工場製品はさっと温めなおすだけでいい。

フリカンデルはオランダやベルギーの皮なしソーセージで，ふつうはカレーケチャップをつけて食べる（ドイツのカリーヴルストのように）。典型的な「得体の知れない肉」といえそうなフリカンデルは（実際，往々にしてそうなのだが），鶏肉，牛肉，馬肉または豚肉のうちいくつかを組みあわせてつくられる。オランダ本国はもちろん，オランダ領アンティル諸島のキュラソー島でも人気のストリートフードだ。南アフリカのフリカデル（「ン」が抜けている）はソーセージのような形をしておらず，調味したミンチを小型のパティもしくはミートボールにしたもの。かつてオランダ植民地だったスリナムなどでは，現在も独自のフレースウォルスト（ヴァイスヴルストに似た白い生ソーセージ）や，ブラッドソーセージのブルートウォルストが食べられている。

バルケンブリーは，スクラップルに似たドイツとオランダのソーセージだ。まず臓物——レバー，肺，腎臓——と調味料および香辛料——アニス，シナモン，クローヴ，ショウガ，カンゾウ［甘草］，メース，ビャクダン，砂糖——を水で煮込んで，ゼラチン質の豊富なストック（煮出し汁）をつくる。このストックと細かく

きざんだ肉に，小麦粉またはオートミールを（スクラップルのコーンミールの代わりに）混ぜたら，ローフ型に流し入れ，冷まして固める。オランダ東部ヘルデルラント州で生産されるものには干しブドウが混ぜこまれる。バルケンブリーはスクラップルと同様，スライスし，小麦粉をつけてフライパンで焼く。

◉中央ヨーロッパとバルカン諸国

ハンガリーのスモークドソーセージには，チャバイコルバースやチャバイ・パプリカス・サラミ（キャラウェイ，クミンとともに，パプリカがたっぷり入ったスパイシーなサラミ），チェメゲコルバース（繊細な甘口パプリカ入り），チェルキスコルバース（「スカウトソーセージ」。「フットロング」ホットドッグ［長いホットドッグ］に似ているが，乾燥させている），ジュライコルバース（砂糖にくわえ，辛口と甘口両方のパプリカが入っている）などがある。それほど強く燻煙しないデブレツェニコルバースには，通常加えられるニンニクとパプリカのほか，マジョラムが混ぜこまれる。ラーコーツィサラミは風乾で仕上げるソーセージで，パプリカがたっぷり入っており，テーリサラミは，酸味のある乾燥サラミである。ハジコルバースは家庭で手づくりされる簡単なソーセージで，パプリカが必ず使われるが，クローヴやレモンの皮が加えられることもある。

ポーランド以外の地域でもっともよく目にするポーランド式ソーセージは，キェウバサ・スタロヴィースカ（ポルスカキェウバサ［ポーランド風キェウバサ］）――ループ状もしくはリング状に成形したニンニク風味の燻製ソーセージ――を大ざっぱに模倣したものである。ポーランドでは，このソーセージは数種類あるうちのひとつにすぎない。クラコフスカキェウバサは，ほかのキェウバサより太めのケーシングに充塡し，熱燻する。このソーセージには，通常加えるニンニクとコショウのほか，オールスパイスとコリアンダーシードが混ぜられる。田舎風のヴィースカキェウバサは，マジョラムで風味づけした牛肉でつくられる。風乾したあと燻煙するカバノッシーにはニンニクは加えない（ふつうはコショウだけだが，キャラウェイシードを加えることもある）。ヴェセルナキェウバサ［結婚式のキェウバサ］は強めに燻煙した黒っぽい色のソーセージで，結婚式でよく出される。燻煙しない生ソーセージのビャワ（「白い」）キェウバサもニンニクがきかせてあるが，マジョラムのよい香りもする。

アルバニア，ボスニアヘルツェゴヴィナ，クロアチア，マケドニア，セルビアの猟師風セヴァプチチには，ウサギ肉やシカ肉が入っている。伝統的に串に刺して網焼きするセヴァプチチはニンニクとタマネギの風味が強いが，地方によってオール

スパイス，セロリの葉，チリ，パセリ，赤ワイン，ローズマリー，タイムなどが加えられる。

クーレンはクロアチアとセルビアのサラミに似たソーセージだ。豚の小腸か大腸のいずれかに詰めた，2種類のサイズがある。ニンニクと辛口パプリカで味つけし，生タイプのほか，燻製または乾燥させたものが売られている。乾燥熟成させたクーレンのなかには白カビでおおわれているものもあれば，灰に埋めて乾燥工程を早めたものもある。

◉ロシアと旧ソ連

加熱ソーセージには，医者風ソーセージ（モルタデッラに似たソーセージ），モスクワ風ソーセージ（細びきにしたイノシシ肉にクローヴ，オレンジの皮，キュンメル［キャラウェイで香りづけしたヴォトカ］で味つけしたもの），テーヴルスト（スプレッドタイプのドイツのテーヴルストとそっくりのソーセージ），それにもちろん，ホットドッグなどがある。

セミスモークドソーセージには，ポルタヴァ（ニンニクのきいたウクライナのリング状のソーセージ。キェウバサに似ている），セミパラチンスク（臓物を20パーセントもふくむソーセージ，旧ソ連時代の巨大な核実験場にちなんで名づけられた）のほか，ロシア，ニジニ・ノヴゴロド州のアルザマスや，ベラルーシ（ミンスク），ジョージア（トビリシ），リトアニア，ポーランド（クラクフ），ウクライナ（ドンバス，ドロホブィチ，キエフ）などの旧ソ連共和国で生産される独自の種類がある。

猟師風ソーセージは豚肉と牛肉にジュニパーで香りづけしたドライソーセージで，モスクワ風ソーセージには加熱タイプと燻製タイプがある。ソヴィエト風ソーセージは，たんに旧ソ連時代への郷愁を象徴するソーセージというだけでなく，特徴的な赤い薄膜を除けばキェウバサに似ている。旅行者風ソーセージは，キャラウェイとニンニクで調味し，鎖状にねじった小型の燻製ソーセージで，燻煙されたものしか売られていない。

ロシアの特殊な種類のソーセージはほかの東欧のものと似ており，ブラッドソーセージ（ポーランドのキシュカとほぼ同じもの），ブローンのほか，ブラウンシュヴァイガーのようなスプレッドタイプのレバーソーセージなどがある。

◉アメリカと新大陸

ケージャン風ブーダンルージュはフランスのブーダンノワールの子孫で，やはり

ブラッドソーセージだが，祖先よりもスパイシーである。ケージャン風ブーダンブランは，血液の代わりに豚の心臓とレバーでつくる。ブーダンブランのフォースミートを丸めてボール状にし，衣をつけて揚げれば，ブーダンボールになる。ブーダンは必ずしも豚肉でつくる必要はなく，人気のあるブーダンには，バイユー［ミシシッピー川下流域の，流れがよどんで湿地帯のようになっている入り江］で捕れるザリガニやワニといった地元産の原料肉が使われている。アンドゥイユとショリースもケージャン風ソーセージの定番だ。フランスのアンドゥイユがバイユーで異なる種類のソーセージに変化し，オリジナルのアンドゥイユに入っていたトライプが省かれて，よりスパイシーな豚肉のみのソーセージになった。ショリースはスペインのチョリーソに似ているが，もっと辛味が強く，スペインでは使われないタイムとオールスパイスが少しだけ入っている。

ホットドッグや「イタリア風ソーセージ」（ルガーネガに似ているが，レッドペッパーとフェンネルシードが加えられる），ペパロニ以外で，もっともよく食べられているソーセージは，たんに「ブレックファストソーセージ」や「田舎風ソーセージ」と呼ばれている。短くねじったもの（豚腸，もしくはもっと細い羊腸に詰められている）や，小さな丸太状に成形したものがビニールに包まれて売られており，後者はたいていパティのようにフライパンで焼いて食べられ，おもな調味料は塩，コショウ，セージのほか，マジョラムとオールスパイスが使われることもある。イギリスのセージ風味ソーセージの伝統（カンバーランドソーセージなど）は，アメリカのセージ風味の腸詰めしないブレックファストソーセージに受け継がれている。

ラテンアメリカ全域では，さまざまな種類のモルシーリャ［スペイン版ブラッドソーセージ］が好まれている。ウルグアイでは，サンフランシスコのブラックプディング，ビロルドに似たものがつくられているが，チョコレートで味つけされ，ドライフルーツやオレンジの皮の砂糖漬け，ピーナツなどが混ぜこまれる。チリでは，モルシーリャ系統のブラックソーセージはプリエタ，エクアドルではサルチーチャと呼ばれている。各地方のスペイン語名をもつブラッドソーセージにはほかに，レイェーナ（「詰め物をした」）や，トゥベリーア・ネグラ（「黒い管」）などがある。

ブラジルのリングイッサは豚肉の燻製ソーセージで，いっぽうショリーソは豚のブラッドソーセージだ。カリブ海諸国のドミニカとプエルトリコでは区別が異なり，ロンガニーサはドライーソーセージ，チョリーソは燻製ソーセージを指す。エクアドルのロンガニーサは燻煙されるが，チョリーソはスペインから輸入される。意外にも，エクアドルで一番人気のソーセージはチョリーソでもロンガニーサでもなく，そう，ホットドッグである。

アルゼンチンのチョリーソクリオーロは，スペインの乾燥させたチョリーソにも，

くずして使うことの多いスパイシーなメキシコのチョリーソにも似ていない。このチョリーソは醱酵させず，ニンニク，ナツメグ，赤ワイン，砂糖，粉末コショウ（さらにコショウの実を粒のまま混ぜこむ）で味つけする。これは生ソーセージで，たいていはスライスし，フライパンで焼いて食べる。甘い香りのアニスシードがアルゼンチンのロンガニーサの風味づけに使われる。アルゼンチンのモルシーリャ（ブラッドソーセージ）には，ニンニク，タマネギ，オレガノとともに，レバーと舌が加えられ，スペインのモルシーリャとはかなり違ったものになっている。

レシピ集

◉基本のソーセージ

これは可能なかぎり簡単なレシピで，あらゆる種類のソーセージの基本である。最初に決めなければならないのは，タンパク質の種類，調味料，肉のひき具合，大きさ，ケーシングの有無，燻煙の有無，生のままか乾燥させるか，醱酵の有無などで——とにかくバリエーションは無限にある。

(2.25キロ分)
肉，魚肉または家禽肉…1.8キロ
豚または牛の硬い脂肪（凍る寸前まで冷やしたもの）…450*g*
コーシャソルト*または海塩…25*g*
ハーブまたはスパイス…お好みで
ケーシング（水につけ，よく洗っておく）…お好みで
*フレーク状の無添加の塩。

1. 肉と脂肪を25ミリ角に切り，軟骨や骨のかけらをすべてとり除く。
2. 耐酸性のボウルで，1と塩，好みの調味料を混ぜあわせる。おおいをかけ，冷蔵庫で最低4時間もしくはひと晩冷やす。同時に肉ひき機（ミンサー）も冷やしておく。
3. 肉ひき機または包丁で，2の肉を好みの大きさに切りきざんでミンチにする。ミンチの粘り気が足りなければ，よくこねる（肉に塩をして十分に休ませていれば，肉ひき機を通過する際，ソーセージを固めるのに十分なくらい粘りが出るので，たいていはこの必要はない）。
4. ソーセージ生地をケーシングに充塡するか，パティに成形する。新鮮なうちに利用するなら，加熱調理するまで冷蔵する。そうでなければ，小分けしてラップにきっちり包んで冷凍するか，ひきつづきそのほかの処理を行なう（乾燥，燻煙，熟成など。その場合，発色剤や防腐剤が必要になることもある）。

……………………………………………

◉イタリアソーセージ，サルシッチャ

これは「基本のソーセージ」の材料とつくり方を簡単にアレンジしたもの。

(2.5キロ分)
基本のソーセージ（前掲のレシピ参照）…2.25キロ
ひきたての黒コショウ…15*g*
フェンネルシード…25*g*
砕いたチリフレーク（フレーク状の辛口レッドペッパー）…小さじ½

1. 基本のレシピに追加の調味料を加え，レシピの手順どおりにつくる。辛口にするなら，カイエンヌペッパー小さじ1とパプリカ小さじ2を足す。

……………………………………………

◉ルイジアナ風（ケージャン風）アンドゥイユ

このソーセージは，今日のケージャン人の祖先がノヴァスコシアを経由してフランスのノルマンディー地方（フランスソーセージのアンドゥイユが好まれていた地域）からやってきたこと以外は，旧大陸のアンドゥイユとはほとんど関係がない。ケージャン風アンドゥイユは必ず燻煙するが，このレシピでは，燻煙機がない人のためにふたつの製法を紹介している。

（2.25キロ分）
脂肪の多い豚肩肉…2.25キロ
コーシャソルトまたは海塩…25g
きざんだニンニク…大1片
粉末白コショウ…小さじ½
粉末スパイスミックス（オールスパイス，アンチョ*，カイエンヌペッパー，クローヴ，ナツメグ）…小さじ¾
乾燥タイム…小さじ¾
パプリカ（または燻製パプリカ。以下参照）…大さじ1½
ケーシング
*おだやかな辛味のトウガラシ，ポブラノを乾燥させたもの。

1. 肉と脂肪を25ミリ角に切り，軟骨や骨のかけらをすべてとり除く。
2. 耐酸性のボウルで，1と塩，ニンニク，調味料を混ぜあわせる。おおいをかけ，冷蔵庫で最低4時間もしくはひと晩冷やす。同時に肉ひき機も冷やしておく。
3. 肉ひき機の粗びき用プレートを使って2の肉をミンチにする。出来上がったミンチを粘り気が出るまでよくこねる。少量を焼いて味見をし，必要なら調味料を足す。
4. ソーセージ生地をケーシングに充填し，ひとつが20センチの長さになるようにねじり（その都度，逆方向にねじる），冷蔵庫に吊して，薄膜ができるまで乾燥させる。最後に4～5時間，熱燻（74～85℃で燻煙）して仕上げる。

燻煙機を使わない場合は，乾燥工程を省略してもよい。ミンチに燻煙液を小さじ¼加えて完全に混ぜあわせたら，少量を焼いて味見をし，必要なら燻煙液を足す。もうひとつの方法はパプリカの代わりに燻製パプリカを使うもので，そうすれば熱燻も燻煙液も必要ない。燻煙していないアンドゥイユは当然ながら，表面が乾燥していないし，燻製独特の黒っぽい色もしていない。

新鮮なうちに利用するなら，加熱調理するまで冷蔵する。そうでなければ，小分けしてラップにきっちり包んで冷凍する。

◉子羊肉のルカニコ

これは，ギリシア人好みのアニスの香りと，グリルでこんがり焼いたこうばしい香りが際立つソーセージである。晴れた日，このソーセージと，よく冷えたウゾー酒［アニスの香りをつけたギリシアの無色のリキュール］，ピタパン［地中海・アラブ諸国の丸く平たいパン。袋状に開いて具を詰めて食べる］，ヒヨコマメと紫タマネギのサラダ（以下参照）があれば，最高のピクニックになる。

（4人分）
子羊肉…680*g*
豚の脂肪…225*g*
すりおろしたケファロティリチーズ*…25*g*（¼カップ）
すりおろしたオレンジの皮…大さじ1
アニスまたはフェンネルシード…大さじ1
コーシャソルト…15*g*
イタリアンパセリ**…大さじ1
粉末黒コショウ，チリフレーク…お好みで
よく冷やした辛口のロゼワイン（ロディティスなど）…120*ml*（½カップ）
ケーシングまたは網脂
*羊またはヤギの乳からつくるギリシア・キプロス島のチーズ。
**葉が平たいパセリ。

1. 子羊肉と豚の脂肪を25ミリ角に切り，冷やしておく。
2. ワインを除く6つの材料を合わせ，そこに1を加えてよくこねる。おおいをかけ，ひと晩冷やす。同時に肉ひき機とボウルも冷やしておく。
3. 翌日，2にワインを加えてよく混ぜる。肉ひき機で粗びきのミンチにし，冷やしておいたボウルに入れる。
4. 肉に粘り気が出るまでよくこねたら，ケーシングに詰めるか，網脂に包む。
5. 十分に火が通るまでグリルで焼き，熱々を供する。

◉ヒヨコマメのサラダ

（4人分）
ヒヨコマメ（水を切り，さっと洗っておく）…1缶
きざんだ紫タマネギ…小1個
キュウリ（皮をむいて種をとり，さいの目に切ったもの）…1本
熟したトマト（種をとり，さいの目に切ったもの）…1個
種をとったカラマタ種オリーブ…½カップ
乾燥オレガノ…小さじ½
オリーブオイル…60ml（¼カップ）
しぼりたてのレモン汁…大さじ1
きざんだイタリアンパセリ…大さじ1
コーシャソルトまたは海塩，黒コショウ…お好みで

1. パセリを除くすべての材料を耐酸性のボウルで混ぜあわせ，味を調える。おおいをかけ，休ませておく（トマトの風味が落ちるので，冷蔵庫に入れないこと）。
2. 供する直前に，たまった余分な水分が入らないように穴あきスプーンでサラダをすくい，大きめのはなやかな皿に盛りつけてパセリを飾る。

◉リングイッサ

このポルトガルのソーセージは，古代ローマ時代のソーセージの現代版である。

（2.25キロ分）
脂肪の少ない豚肩肉（骨なし）…1.4キロ
豚の脂肪（凍る寸前まで冷やしたもの）…900*g*
ニンニク（皮をむいてきざんだもの）…3片
パプリカ…大さじ1
コーシャソルト…25*g*
粉末シナモン…小さじ½
粉末オールスパイス…小さじ½
砕いたチリフレーク…大さじ1
赤ワインヴィネガー…60ml（¼カップ）
粉末コリアンダーシード…大さじ1
氷水…120*ml*（½カップ）
ケーシング（豚腸）

1. 豚肉を25ミリ角に切り，肉ひき機で細びきのミンチにする。
2. 豚肉の脂肪を25ミリ角に切り，肉ひき機で粗びきにし，1に加える。
3. 2と残りのすべての材料を混ぜあわせ，粘り気が出るまでよくこねる。おおいをかけ，4時間またはひと晩冷やす。
4. 3を豚腸に詰め，空気が入っている箇所に針を刺して，空気を抜く。鎖状にねじらず長いまま（約50センチ）両端をひもで結び，キェウバサのようにコイル状に巻く。すぐに利用するか，またはラップにきっちり包んで冷凍する。

◉手早くつくれるメキシコ風チョリーソ

チョリーソの酸味は本来，乳酸醗酵によるものだが，このレシピでは家庭向けに，安全でずっと早くつくれる方法を紹介する。

（4人分／一人前225*g*）
豚肩肉（脂肪分20パーセントのもの）…900*g*
チリパウダー…大さじ3
カイエンヌペッパー…大さじ1
きざんだニンニク…大3片
乾燥オレガノ…大さじ3
ひきたての黒コショウ…小さじ1
シナモン…小さじ1
ひきたてのクミンシード…小さじ2
コーシャソルトまたは海塩…15*g*
赤ワインヴィネガー…90*ml*

氷水…90*ml*

1. 豚肉を25ミリ角に切り，おおいをかけ，冷やす。
2. 赤ワインヴィネガーと氷水以外の材料と1を合わせ，よくこねたら，おおいをかけ，ひと晩冷やす。同時に肉ひき機とボウルも冷やしておく。
3. 翌日，2に赤ワインヴィネガーと氷水を加えてよく混ぜる。肉ひき機で粗びきのミンチにし，冷やしておいたボウルに入れる。
4. 3を粘り気が出るまでよくこねたら，225*g*のパティに成形する。ひとつずつラップできっちり包んで密閉し，冷蔵庫で3日間熟成させる。食べる前に加熱調理するか，そうでなければ，日付等を記入したフリーザーバッグに入れて冷凍する。

◉ケソフンディード

この料理はチョリケソとも呼ばれ，メキシコでは二日酔いに効くとされ人気があるが，それはひょっとしたら，ほんの少しの努力さえ耐えがたいと思えるときでも簡単につくれる料理だからなのかもしれない。だからといって，この料理を楽しむためにわざわざ二日酔いになる必要はまったくないだろう。

直火で焼いたポブラノ（マイルドな辛味のトウガラシ）の細切りはラファスと呼ばれる（ほかの食通に差をつけたいとき，ちょっと役立つ情報だ）。

（4人分／前菜として）

新鮮なポブラノ（以下の注を参照）…1個

オリーブオイル（エキストラヴァージン以外）…大さじ1

ほぐした「手早くつくれるメキシコ風チョリーソ」（前掲のレシピ参照）…225*g*

小さく割いたオアハカチーズ（または細切りモッツァレラチーズ）…340*g*

塩…お好みで

ケソフンディードにつけて食べるためのトルティーヤチップス*…適量

*マサ（トウモロコシの練り粉）を薄くのばして焼いた薄焼きパン，トルティーヤを，くさび形にカットして揚げたもの

1. オーブンを175℃に予熱する。
2. ポブラノを全体に焦げ目がつくまで直火で焼く。袋に入れて数分蒸らし，皮をむきやすくする。袋からとりだして焦げた皮をこすりとったら，縦に半分に切り，軸と種をとり除く。横方向に幅6ミリの細切りにする。
3. 鉄製のフライパンに油を入れ，煙が出る寸前まで熱する。チョリーソを加え，大きなかたまりをくずしながら炒め，完全に火を通す。味見をし，必要なら塩を足す。
4. 加熱したチョリーソをオーブン使用

可の皿（以下の注を参照）に広げ，ポブラノの細切り（ラファス）と小さく割いたチーズを上にのせ，チーズが溶けるまでオーブンで焼く。トルティーヤチップスを添えて出す。

注：二日酔いを治すためにこの料理をつくるなら，ポブラノの代わりにもっと辛味のおだやかな缶詰の青トウガラシの細切りを使ってもかまわない。そうすれば，火や包丁を使わなくて済むので安全だ。さらに，フライパンひとつで料理を完成させることもでき（オーブン使用可のハンドルがついている場合），オーブン用の皿を用意する手間が省ける。実際，二日酔いに気を配ろうと思えば切りがない。

◉メルゲーズ

これはチュニジアの昔ながらのスパイシーな子羊肉ソーセージである。イスラム圏の料理らしい，ちょっとフルーティさを感じる複雑なスパイスの組み合わせが特徴で——理由はあきらかだが——豚肉はいっさい入っていない。

（2.25キロ分）
脂肪の多い子羊肉の切り身…2.25キロ
コーシャソルトまたは海塩…25*g*
パプリカ…大さじ2
砕いた黒コショウ…大さじ1
粉末クミン…小さじ2
カイエンヌペッパー…小さじ2
きざんだニンニク…小さじ2
粉末シナモン…小さじ1½
粉末ショウガ…小さじ1½
タイムの葉…小さじ1½
ザクロ果汁…180*ml*
コラーゲンケーシング

1. 肉から軟骨や腱，骨を切ってとり除き，肉と脂肪を25ミリくらいの大きさに切る。
2. 1と塩，残りのすべての材料（ザクロ果汁を除いて）を耐酸性のボウルに入れ，混ぜあわせる。おおいをかけ，冷蔵庫で最低4時間もしくはひと晩冷やす。同時に肉ひき機も冷やしておく。
3. 肉ひき機で2の肉を粗びきのミンチにする。ザクロ果汁を加えてよくかき混ぜ，粘り気が出るまでこねる。
4. 3のフォースミートをコラーゲンケーシングに詰め，ひとつが125ミリの長さになるようにねじっていく。新鮮なうちに利用するなら，加熱調理するまで冷蔵する。そうでなければ，小分けしてラップにきっちり包んで冷凍する。

◉ブロッコリーレイブとソーセージのオレッキエッテ

オレッキエッテ（「小さな耳」）は，イタリア半島の「かかと」にあたるプーリア地方で好まれている耳形のパスタである。こだわり派のなかには，この料理に

ソーセージを加えることに異議を唱える人もいるが，豚肉の甘味が青野菜の苦味と好対照をなしていて，すばらしくおいしい。

（4人分）
洗ってきざんだブロッコリーレイブ（ラピーニ）…大1束
オリーブオイル…大さじ3
きざんだニンニク…4片
砕いたチリフレーク…小さじ½
ほぐしたイタリアソーセージ（サルシッチャ，前掲のレシピ参照）…2.3キロ
乾燥オレッキエッテ，または中型の貝形パスタ…450g
塩，コショウ…お好みで
仕上げにかけるすりおろしたペコリーノロマーノチーズ…適量

1. 塩水を入れた大きめの鍋で，ブロッコリーレイブを鮮やかな緑色になるまでゆがく。ゆであがったら，氷水を張ったボウルにブロッコリーレイブをさらし，一気に冷やす。ゆで汁はとっておく。
2. ニンニクとチリフレークを，オリーブオイルでニンニクの色が変わるまで炒める。ほぐしたソーセージを加え，むらなくきつね色になるまで，かき混ぜながら火を通す。
3. ソーセージを炒めているあいだに，ブロッコリーレイブのゆで汁でパスタを固めにゆでる（最後にソースで煮込むため）。
4. ソーセージがきつね色になったら，ゆがいて水を切ったブロッコリーレイブを鍋に加え，さっと火を通す。さらに固めにゆでたパスタを加え，やわらかくなるまで軽く炒める。水気が足りなければ，煮汁を少し足す。最後に，パスタにソースがからむように混ぜあわせながらさっと炒める。
5. 味を調え，すりおろしたペコリーノチーズをかけて出す。

注

第1章　ソーセージの定義と起源

(1)　Jean Bottéro, *The Oldest Cuisine in the World: Cooking in Mesopotamia* (Chicago and London, 2004), pp. 59-60.［ジャン・ボテロ『世界最古の料理』松島英子訳，法政大学出版局，2003年］

(2)　Maguelonne Toussaint-Samat, *A History of Food*, trans. Anthea Bell (Cambridge, MA, 1992), p. 440.［マグロンヌ・トゥーサン＝サマ『世界食物百科――起源・歴史・文化・料理・シンボル』玉村豊男監訳，原書房，1998年］

(3)　Drew Magary, 'Tuesday Watch List: Romney Gets Silly!', NBC, 30 May 2012, online at www.nbcphiladelphia.com.

(4)　Paul S. Cohen, 'The Genuine Etymological Story of Phon(e)y', *Transactions of the Philological Society*, CIX/1, p. 6.

(5)　Dr Jean Bordeaux, quoted in Eric Partridge, *A Dictionary of Slang and Unconventional English* (New York, 1961), p. 76.

(6)　'Sausage Reigns Supreme in New Poll', 3 October 2011, online at www.marketwatch.com.

(7)　Quoted in Doug Gelbert, 'Baseball and Hotdogs: The Origins of Both American Institutions Are Shrouded in Mystery', 6 March 2006, online at www.ezinearticles.com.

(8)　Bret Thorn, 'Chefs Go Whole Hog for Charcuterie', *Nation's Restaurant News*, 16 November 2011, online at www.nrn.com.

第3章　ヨーロッパのソーセージ

(1)　Ivan Day, 'Some Interesting English Puddings', *Historic Food*, online at www.historicfood.com, accessed December 2014.

第4章　ほかの国々のソーセージ

(1)　Peter G. Rose, *The Sensible Cook: Dutch Foodways in the Old and the New World* (Syracuse, NY, 1989), pp. 93-94.

第5章　科学技術と現代のソーセージ

（1）　Anne Mendelson, personal correspondence.

（2）　Roger Tuma, 'The Poison that Heals', 26 February 2011, online at www.english.pravda.ru.

（3）　Richard A. Scanlan, 'Nitrosamines and Cancer', Linus Pauling Institute, November 2000, online at http://lpi.oregonstate.edu.

（4）　L. Wendell Haymon, 'Bacterial Fermentations, Sodium Acid Pyrophosphate and Glucono Delta Lactone in Cured Sausage Production', American Meat Science Association, *Reciprocal Meat Conference Proceedings*, XXXIV（1981）, online at www.eurekamag.com.

第6章　ソーセージの種類とバリエーション

（1）　Calvin W. Schwabe, *Unmentionable Cuisine*（Charlottesville, VA, 1979）, p. 118.

（2）　Peter Lund Simmons, *The Curiosities of Food: Or the Dainties and Delicacies of the Different Nations Obtained from the Animal Kingdom* [1859]（Berkeley, CA, 2001）, p. 104.

（3）　Frederick J. Simoons, *Eat Not This Flesh: Food Avoidances from Prehistory to the Present*（Madison, WI, 1994）, p. 106.［フレデリック・J・シムーンズ『肉食タブーの世界史』山内昶監訳，香ノ木隆臣・山内彰・西川隆訳，法政大学出版局，2001年］ポロニー（polony）はイギリスの加熱ソーセージで，より一般には牛肉（と場合によっては豚肉）を原料につくられる。フランクフルトソーセージを短く太くしたようなソーセージで，この名前は「ボローニャ bologna」がなまったものである。

（4）　Ibid., p. 190.

（5）　Schwabe, *Unmentionable Cuisine*, p. 104.

（6）　Quoted in Simmons, *Curiosities of Food*, p. 80.

（7）　Platina（Bartolomeo Sacchi）, *De honesta voluptate et valetudinae* [1465], quoted in Harold McGee, *On Food and Cooking: The Science and Lore of the Kitchen*, 2nd ed.（New York, 2004）, p. 169.［ハロルド・マギー『マギーキッチンサイエンス――食材から食卓まで』香西みどり監訳，北山薫・北山雅彦訳，共立出版，2008年］

（8）　Ludovicus Nonnius, Diaeticon, quoted in Sarah T. Peterson, *Acquired Taste: The French Origins of Modern Cooking*（Ithaca, NY, 1994）, p. 90.

終章　ソーセージよ，永遠に！

(1)　H. L. Mencken, *A Second Mencken Chrestomathy* (Baltimore, MD, 2006), p. 423.

ゲイリー・アレン（Gary Allen）
フードライター。食物関連の書籍を数多く編集・執筆している。ニューヨーク州エンパイアステートカレッジの非常勤教授も務める。著書に『「食」の図書館　ハーブの歴史』（竹田円訳／原書房）などがある。ニューヨーク州キングストン在住。

伊藤綺（いとう・あや）
翻訳家。訳書に，ファブリーツィア・ランツァ『「食」の図書館　オリーブの歴史』，ヘザー・デランシー・ハンウィック『お菓子の図書館　ドーナツの歴史物語』，キャサリン・M・ロジャーズ『「食」の図書館　豚肉の歴史』，ジョエル・レヴィ『図説　世界史を変えた50の武器』，ジェレミー・スタンルーム『図説　世界を変えた50の心理学』，クライヴ・ポンティング『世界を変えた火薬の歴史』（以上，原書房）などがある。

「食《しょく》」の図書館《としょかん》

ソーセージの歴史《れきし》

●

2016年9月28日　第1刷

著者……………ゲイリー・アレン
訳者……………伊藤《いとう》 綺《あや》
装幀……………佐々木正見
発行者……………成瀬雅人
発行所……………株式会社原書房

〒160-0022 東京都新宿区新宿1-25-13
電話・代表03(3354)0685
振替・00150-6-151594
http://www.harashobo.co.jp

印刷……………新灯印刷株式会社
製本……………東京美術紙工協業組合

ISBN 978-4-562-05325-4, Printed in Japan